天工開物

廣陵書社

天工開物卷中

陶埏第七

宋子曰水火旣濟而土合萬室之國日勤千人而不足民用亦繁矣哉上棟下室以避風雨而瓴建焉王公設險以守其國而城垣雉堞寇來不可上矣泥甕堅而醴酒欲清瓦登潔而醯醢以薦商周之際俎豆以木爲之毋亦質重之思耶後世方土效靈人工表異陶成雅器有素肌玉骨之象焉掩映几筵文明可掬豈終固哉

瓦

凡埏泥造瓦掘地二尺餘擇取無沙黏土而爲之百里之

内必産合用土色供人居室之用凡民居瓦形皆四合分片先以圓桶爲模骨外畫四條界調踐熟泥疊成高長方條然後用鐵線弦弓線上空三分以尺限定向泥不平戞一片似揭紙而起周包圓桶之上待其稍乾脱模而出自然裂爲四片凡瓦大小古無定式大者縱横八九寸小者縮十之三室宇合溝中則必需其最大者名曰溝瓦能承受溜雨不溢漏也凡坯旣成乾燥之後則堆積窯中燃薪舉火或一晝夜或二晝夜視窯中多少爲熄火久暫澆水轉泑(音右)與造磚同法其垂于簷端者有滴水下于脊沿者有雲瓦瓦掩覆脊者有抱同鎭脊兩頭者有鳥獸諸形象

皆人工逐一做成載于窯內受水火而成器則一也若皇家宮殿所用大異于是其制爲琉璃瓦者或爲板片或爲宛筒以圓竹與斲木爲模逐片成造其土必取于太平府（舟運三千里方達京師參沙之僞雇役擄舡之擾害不可極卽承天皇陵亦取于此無人議正）造成先裝入琉璃窯內每柴五千斤燒瓦百片取出成色以無名異棕櫚毛等煎汁塗染成綠黛赭石松香蒲草等塗染成黃再入別窯減殺薪火逼成琉璃寶色外省親王殿與仙佛宮觀間亦爲之但色料各有配合採取不必盡同民居則有禁也

磚

凡埏泥造磚亦掘地驗辨土色或藍或白或紅或黃（閩廣多紅泥藍者名善泥江浙居多）皆以黏而不散粉而不沙者爲上汲水滋土人逐數牛錯趾踏成稠泥然後塡滿木匡之中鐵線弓戛平其面而成坯形凡郡邑城雉民居垣牆所用者有眠磚側磚兩色眠磚方長條砌城郭與民人饒富家不惜工費直壘而上民居算計者則一眠之上施側磚一路塡土礫其中以實之蓋省嗇之義也凡牆磚而外甃地者名曰方墁磚榱桷上用以承瓦者曰楻板磚圓鞠小橋梁與圭門與窀穸墓穴者曰刀磚又曰鞠磚凡刀磚削狹一偏面相靠擠緊上砌成圓車馬踐壓不能損陷造方墁磚泥入方

匡中平板蓋面兩人足立其上研轉而堅固之燒成效用石工磨斲四沿然後甃地刀磚之直視牆磚稍溢一分楻板磚則積十以當牆磚之一方墁磚則一以敵牆磚之十也凡磚成坯之後裝入窯中所裝百鈞則火力一晝夜二百鈞則倍時而足凡燒磚有柴薪窯有煤炭窯用薪者出火成青黑色用煤者出火成白色凡柴薪窯巔上偏側鑿三孔以出煙火足止薪之候泥固塞其孔然後使水轉泑凡火候少一兩則泑色不光少三兩則名嫩火磚本色雜現他日經霜冒雪則立成解散仍還土質火候多一兩則磚面有裂紋多三兩則磚形縮小拆裂屈曲不伸擊之如

碎鐵然不適于用巧用者以之埋藏土內爲牆脚則亦有磚之用也凡觀火候從窯門透視內壁土受火精形神摇蕩若金銀鎔化之極然陶長辨之凡轉泑之法窯巔作一平田樣四圍稍弦起灌水其上磚瓦百鈞用水四十石水神透入土膜之下與火意相感而成水火旣濟其質千秋矣若煤炭窯視柴窯深欲倍之其上圓鞠漸小併不封頂其內以煤造成尺五徑闊餅每煤一層隔磚一層葦薪墊地發火若皇居所用磚其大者廠在臨清工部分司主之初名色有副磚券磚平身磚望板磚斧及磚方磚之類後革去半運至京師每漕舫搭四十塊民舟半之又細料方

磚以贄正殿者則由蘇州造解其琉璃磚色料已載瓦款取薪臺基廠燒由黑窯云

罌甕

凡陶家爲缶屬其類百千大者缸甕中者鉢盂小者瓶罐款制各從方土悉數之不能造此者必爲圓而不方之器試土尋泥之後仍制陶車旋盤工夫精熟者視器大小掐泥不甚增多少兩人扶泥旋轉一捏而就其朝廷所用龍鳳缸（窯在眞定曲陽與揚州儀眞）與南直花缸則厚積其泥以俟雕鏤作法全不相同故其直或百倍或五十倍也凡罌缶有耳嘴者皆另爲合上以泑水塗黏陶器皆有底無底者則陝以西炊甑用瓦不用木也凡諸陶器精者中外皆過釉麤者或釉其半體惟沙盆齒鉢之類其中不釉存其麤澀以受研擂之功沙鍋沙罐不釉利于透火性以熟烹也凡釉質料隨地而生江浙閩廣用者蕨藍草一味其草乃居民供竈之薪長不過三尺枝葉似杉木勒而不棘人（其名數十各地不同）陶家取來燃灰布袋灌水澄濾去其麤者取其絕細每灰二碗參以紅土泥水一碗攪令極勻蘸塗坏上燒出自成光色北方未詳用何物蘇州黃罐釉亦別有料惟上用龍鳳器則仍用松香與無名異也凡瓶窯燒小器缸窯燒大器山西浙江省分缸窯瓶窯餘省則合一處爲之凡造

斂口缸旋成兩截接合處以木椎內外打緊匝口壜甕亦兩截接合不便用椎預于别窯燒成瓦圈如金剛圈形托印其內外以木椎打緊土性自合凡缸瓶窯不于平地必于斜阜山岡之上延長者或二三十丈短者亦十餘丈連接爲數十窯皆一窯高一級蓋依傍山勢所以驅流水濕滋之患而火氣又循級透上其數十方成窯者其中苦無重值物合併衆力衆資而爲之也其窯鞠成之後上鋪覆以絶細土厚三寸許窯隔五尺許則透煙窗窯門兩邊相向而開裝物以至小器裝載頭一低窯絶大缸甕裝在最末尾高窯發火先從頭一低窯起兩人對面交看火色大

抵陶器一百三十斤費薪百斤火候足時掩閉其門然後次發第二火以次結竟至尾云

白瓷 附青瓷

凡白土曰堊土爲陶家精美器用中國出惟五六處北則眞定定州平凉華亭太原平定開封禹州南則泉郡德化土出永定窯在德化徽郡婺源祁門他處白土陶範不黏或以掃壁爲墁德化窯惟以燒造瓷仙精巧人物玩器不適實用眞開等郡瓷窯所出色或黃滯無寶光合併數郡不敵江西饒郡產浙省處州麗水龍泉兩邑燒造過釉杯碗青黑如漆名曰處窯宋元時龍泉華琉山下有章氏造窯出款貴重古董行所謂哥

窯器者卽此若夫中華四裔馳名獵取者皆饒郡浮梁景德鎭之產也此鎭從古及今爲燒器地然不產白土土出婺源祁門兩山一名高梁山出粳米土其性堅硬一名開化山出糯米土其性粢軟兩土和合瓷器方成其土作成方塊小舟運至鎭造器者將兩土等分入臼舂一日然後入缸水澄其上浮者爲細料傾跌過一缸其下沉底者爲麤料細料缸中再取上浮者傾過爲最細料沉底者爲中料既澄之後以磚砌方長塘逼靠火窯以借火力傾所澄之泥于中吸乾然後重用清水調和造坯凡造瓷坯有兩種一曰印器如方圓不等瓶甕爐合之類御器則有瓷屏風燭臺之類先以黃泥塑成模印或兩破或兩截亦或囫圇然後埏白泥印成以釉水塗合其縫燒出時自圓成無隙一曰圓器凡大小億萬杯盤之類乃生人日用必需造者居十九而印器則十一造此器坯先製陶車車豎直木一根埋三尺入土內使之安穩上高二尺許上下列圓盤盤沿以短竹棍撥運旋轉盤頂正中用檀木刻成盔頭冒其上凡造杯盤無有定形模式以兩手捧泥盔冒之上旋盤使轉拇指剪去甲按定泥底就大指薄旋而上卽成一杯碗之形（初學者任從作廢破坯取泥再造）功多業熟卽千萬如出一範凡盔冒上造小杯者不必加泥造中盤大碗則增泥大其

冒使乾燥而後受功凡手指旋成坯後覆轉用盛冒一印微曬留滋潤又一印曬成極白乾入水一汶漉上盛冒過利刀二次過刀時手脉微振燒出即成雀口然後補整碎缺就車上旋轉打圈圈後或畫或書字畫後噴水數口然後過釉凡為碎器與千鍾粟與褐色杯等不用青料欲為碎器利刀過後日曬極熱入清水一蘸而起燒出自成裂紋千鍾粟則釉漿捷點褐色則老茶葉煎水一抹也古碎器日本國極珍重真者不惜千金古香爐碎器不知何代造底有鐵釘其釘掩光色不鏽凡饒鎮白瓷釉用小港嘴泥漿和桃竹葉灰調成似清泔汁泉郡瓷仙用松毛水調泥漿處郡青瓷釉未詳所出盛于缸內凡諸器過釉先蕩其內外邊用指一蘸塗弦自然流徧凡畫碗青料總一味無名異漆匠煎油亦用以收火色此物不生深土浮生地面深者掘下三尺即止各省直皆有之亦辨認上料中料下料用時先將炭火叢紅煆過上者出火成翠毛色中者微青下者近土褐上者每斤煆出只得七兩中下者以次縮減如上品細料器及御器龍鳳等皆以上料畫成故其價每石值銀二十四兩中者半之下者則十之三而已凡饒鎮所用以衢信兩郡山中者為上料名曰浙料上高諸邑者為中豐城諸處者為下也凡使料煆過之後以乳缽極研其缽底留粗不轉釉然後調畫水調研時色如皁入火則成青碧色凡將碎器為紫霞色杯者用臙脂打濕

將鐵線紐一兜絡盛碎器其中炭火炙熱然後以濕臙脂一抹即成凡宣紅器乃燒成之後出火另施工巧微炙而成者非世上殊砂能留紅質于火內也（宣紅元末已失傳正德中歷試復造出）

凡瓷器經畫過釉之後裝入匣鉢（裝時手拿微重後日燒出即成坳口不復周正）鉢以麤泥造其中一泥餅托一器底空處以沙實之大器一匣裝一箇小器十餘共一匣鉢鉢佳者裝燒十餘度劣者一二次即壞凡匣鉢裝器入窯然後舉火其窯上空十二圓眼名曰天窗火以十二時辰爲足先發門火十箇時火力從下攻上然後天窗擲柴燒兩時火力從上透下器在火中其軟如棉絮以鐵叉取一以驗火候之足辨認

眞足然後絕薪止火共計一坯工力過手七十二方克成器其中微細節目尚不能盡也

附窯變 回青

正德中內使監造御器時宣紅失傳不成身家俱喪一人躍入自焚托夢他人造出競傳窯變好異者遂妄傳燒出鹿象諸異物也又回青乃西域大青美者亦名佛頭青上料無名異出火似之非大青能入洪爐存本色也

造瓦

泥造磚坯

磚瓦濟水轉釉窰

煤炭燒磚窰

造瓶

造缸

瓶窰連接缸窰

過利圖
手刀一振即成雀口
陶車根埋土內
造瓷圓器杯盤

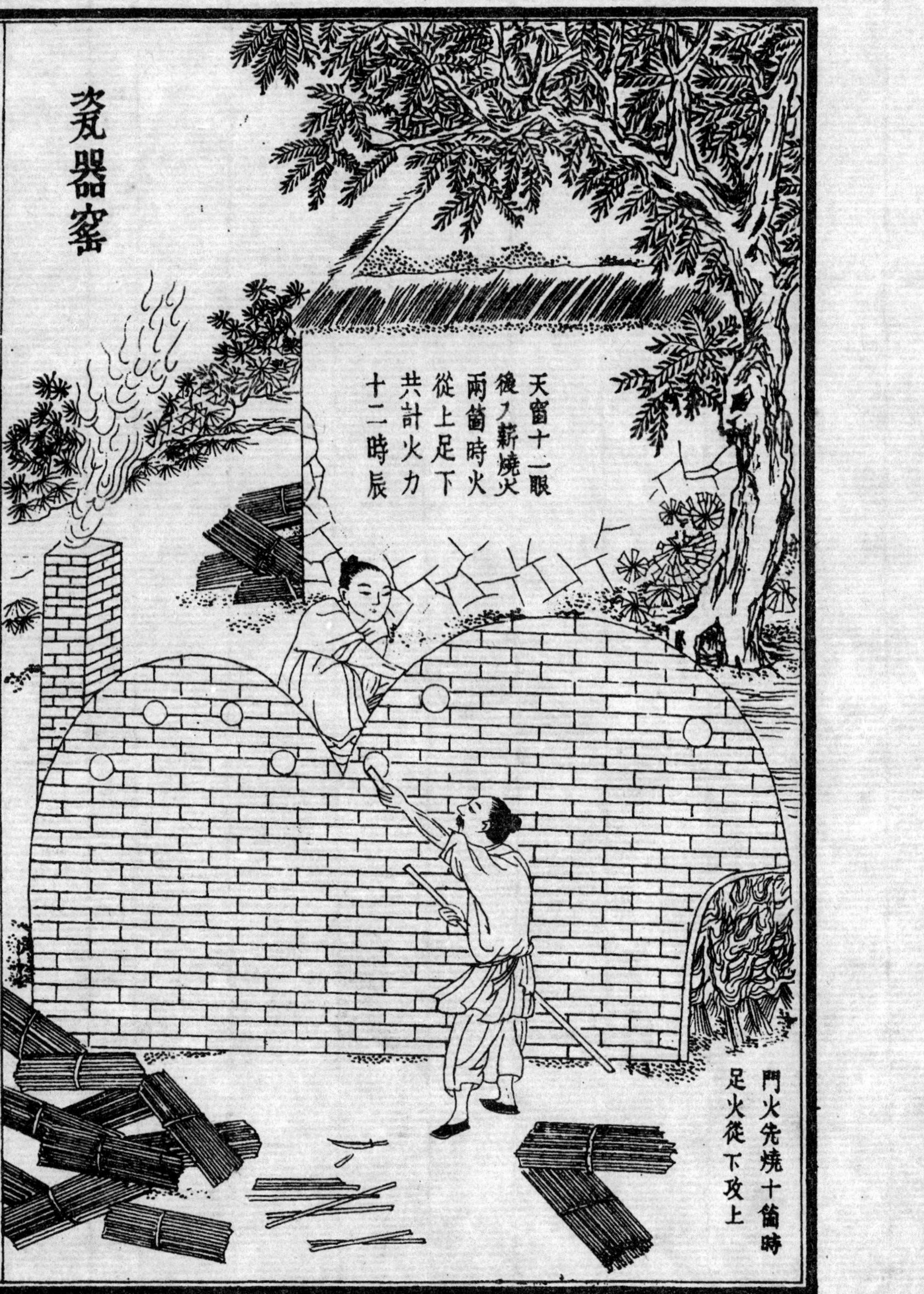
瓷器窯
天窗十二眼
後入薪燒火
兩箇時火
從上足下
共計火力
十二時辰
門火先燒十箇時
足火從下攻上

打圈圖
打圈
回青畫

瓷器汶水

瓷器過釉

冶鑄第八

宋子曰首山之採肇自軒轅源流遠矣哉九牧貢金用襄禹鼎從此火金功用日異而月新矣夫金之生也以土爲母及其成形而效用于世也母模子肖亦猶是焉精麤巨細之間但見鈍者司舂利者司墾薄其身以媒合水火而百姓繁虛其腹以振盪空靈而八音起愿者肖仙梵之身而塵凡有至象巧者奪上清之魄而海宇徧流泉卽屈指唱籌豈能悉數要之人力不至于此

鼎

凡鑄鼎唐虞以前不可考唯禹鑄九鼎則因九州貢賦壤

則已成人貢方物歲例已定疏濬河道已通禹貢業已成書恐後世人君增賦重斂後代侯國冒貢奇淫後日治水之人不由其道故鑄之于鼎不如書籍之易去使有所遵守不可移易此九鼎所爲鑄也年代久遠末學寡聞如螾珠暨魚狐狸織皮之類皆其刻畫于鼎上者或漫滅改形亦未可知陋者遂以爲怪物故春秋傳有使知神姦不逢魑魅之說也此鼎入秦始亡而春秋時郜大鼎莒二方鼎皆其列國自造卽有刻畫必失禹貢初旨此但存名爲古物後世圖籍繁多百倍上古亦不復鑄鼎特并志之

鍾

凡鍾爲金樂之首其聲一宣大者聞十里小者亦及里之餘故君視朝官出署必用以集衆而鄉飲酒禮必用以和歌梵宮仙殿必用以明攝謁者之誠幽起鬼神之敬凡鑄鍾高者銅質下者鐵質今北極朝鍾則純用響銅每口共費銅四萬七千斤錫四千斤金五十兩銀一百二十兩于內成器亦重二萬斤身高一丈一尺五寸雙龍蒲牢高二尺七寸口徑八尺則今朝鍾之制也凡造萬鈞鍾與鑄鼎法同掘坑深丈幾尺燥築其中如房舍埏泥作模骨用石灰三和土築不使有絲毫隙拆乾燥之後以牛油黃蠟附其上數寸油蠟分兩油居什八蠟居什二其上高蔽抵晴

雨（夏月不可爲油不凍結）油蠟墁定然後雕鏤書文物象絲髮成就然後舂篩絕細土與炭末爲泥塗墁以漸而加厚至數寸使其內外透體乾堅外施火力炙化其中油蠟從口上孔隙鎔流淨盡則其中空處卽鍾鼎托體之區也凡油蠟一斤虛位塡銅十斤塑油時盡油十斤則備銅百斤以俟之中旣空淨則議鎔銅凡火銅至萬鈞非手足所能驅使四面築爐四面泥作槽道其道上口承接爐中下口斜低以就鍾鼎入銅孔槽傍一齊紅炭熾圍洪爐鎔化時決開槽梗（先泥土爲梗塞住）一齊如水橫流從槽道中視注而下鍾鼎成矣凡萬鈞鐵鍾與爐釜其法皆同而塑法則由人省嗇也

若千斤以內者則不須如此勞費但多捏十數鍋爐爐形如箕鐵條作骨附泥做就其下先以鐵片圈筒直透作兩孔以受杠穿其爐墊于土墩之上各爐一齊鼓鞲鎔化化後以兩杠穿爐下輕者兩人重者數人抬起傾注模底孔中甲爐既傾乙爐疾繼之丙爐又疾繼之其中自然黏合若相承迂緩則先入之質欲凍後者不黏釁所由生也凡鐵鍾模不重費油蠟者先埏土作外模剖破兩邊形或爲兩截以子口串合翻刻書文于其上內模縮小分寸空其中體精美而就外模刻文後以牛油滑之使他日器無黏欄然後蓋上泥合其縫而受鑄焉巨磬雲板法皆倣此

釜

凡釜儲水受火日用司命繫焉鑄用生鐵或廢鑄鐵器爲質大小無定式常用者徑口二尺爲率厚約二分小者徑口半之厚薄不減其模內外爲兩層先塑其內俟久日乾燥合釜形分寸于上然後塑外層蓋模此塑匠最精差之毫釐則無用模既成就乾燥然後泥捏冶爐其中如釜受生鐵于中其爐背透管通風爐面捏嘴出鐵一爐所化約十釜二十釜之料鐵化如水以泥固純鐵柄杓從嘴受注一杓約一釜之料傾注模底孔內不俟冷定即揭開蓋模看視罅綻未周之處此時釜身尚通紅未黑有不到處即

澆少許于上補完打濕草片按平若無痕迹凡生鐵初鑄釜補綻者甚多唯廢破釜鐵鎔鑄則無復隙漏（朝鮮國俗破釜必棄之山中不以還爐）凡釜既成後試法以輕杖敲之響聲如木者佳聲有差響則鐵質未熟之故他日易爲損壞海内叢林大處鑄有千僧鍋者煑糜受米二石此眞癡物也

像

凡鑄仙佛銅像塑法與朝鍾同但鍾鼎不可接而像則數接爲之故寫時爲力甚易但接模之法分寸最精云

砲

凡鑄砲西洋紅夷佛郎機等用熟銅造信砲短提銃等用

生熟銅兼半造襄陽盞口大將軍二將軍等用鐵造

鏡

凡鑄鏡模用灰沙銅用錫和（不用倭鉛）考工記亦云金錫相半謂之鑑燧之劑開面成光則水銀附體而成非銅有光明如許也唐開元宮中鏡盡以白銀與銅等分鑄成每口値銀數兩者以此故硃砂斑點乃金銀精華發現（古爐有入金于內者）我朝宣爐亦緣某庫偶灾金銀雜銅錫化作一團命以鑄爐（眞者錯現金色）唐鏡宣爐皆朝廷盛世物云

錢

凡鑄銅爲錢以利民用一面刊國號通寶四字工部分司

主之凡錢通利者以十文抵銀一分值其大錢當五當十其弊便于私鑄反以害民故中外行而輒不行也凡鑄錢每十斤紅銅居六七倭鉛（京中名水錫）居三四此等分大略倭鉛每見烈火必耗四分之一我朝行用錢高色者唯北京寶源局黃錢與廣東高州爐青錢（高州錢行盛漳泉路）其價一文敵南直江浙等二文黃錢又分二等四火銅所鑄曰金背錢二火銅所鑄曰火漆錢凡鑄錢鎔銅之罐以絕細土末（打碎乾土磚妙）和炭末爲之（京爐用牛蹄甲未詳何作用）罐料十兩土居七而炭居三以炭灰性煖佐土使易化物也罐長八寸口徑二寸五分一罐約載銅鉛十斤銅先入化然後投鉛洪爐扇合傾入模內凡鑄錢模以木

四條爲空匡（木長一尺一寸闊一寸二分）土炭末篩令極細填實匡中微灑杉木炭灰或柳木炭灰于其面上或熏模則用松香與清油然後以母錢百文（用錫雕成）或字或背布置其上又用一匡如前法填實合蓋之既合之後已成面背兩匡隨手覆轉則母錢盡落後匡之上又用一匡填實合上後匡如是轉覆只合十餘匡然後以繩捆定其木匡上弦原留入銅眼孔鑄工用鷹嘴鉗洪爐提出鎔罐一人以別鉗扶抬罐底相助逐一傾入孔中冷定解繩開匡則磊落百文如花果附枝模中原印空梗走銅如樹枝樣挾出逐一摘斷以待磨鎈成錢凡錢先錯邊沿以竹木條直貫數百文受鎈後鎈平面則逐一爲之

凡錢高低以鉛多寡分其厚重與薄削則昭然易見鉛賤銅貴私鑄者至對半爲之以之擲階石上聲如木石者此低錢也若高錢銅九鉛一則擲地作金聲矣凡將成器廢銅鑄錢者每火十耗其一蓋鉛質先走其銅色漸高勝于新銅初化者若琉球諸國銀錢其模即鑿鍥鐵鉗頭上銀化之時入鍋夾取淬于冷水之中即落一錢其內圖并具右

附鐵錢

鐵質賤甚從古無鑄錢起于唐藩鎮魏博諸地銅貨不通始冶爲之蓋斯須之計也皇家盛時則冶銀爲豆雜伯衰時則鑄鐵爲錢併志博物者感慨

鑄鼎圖

鑄千斤

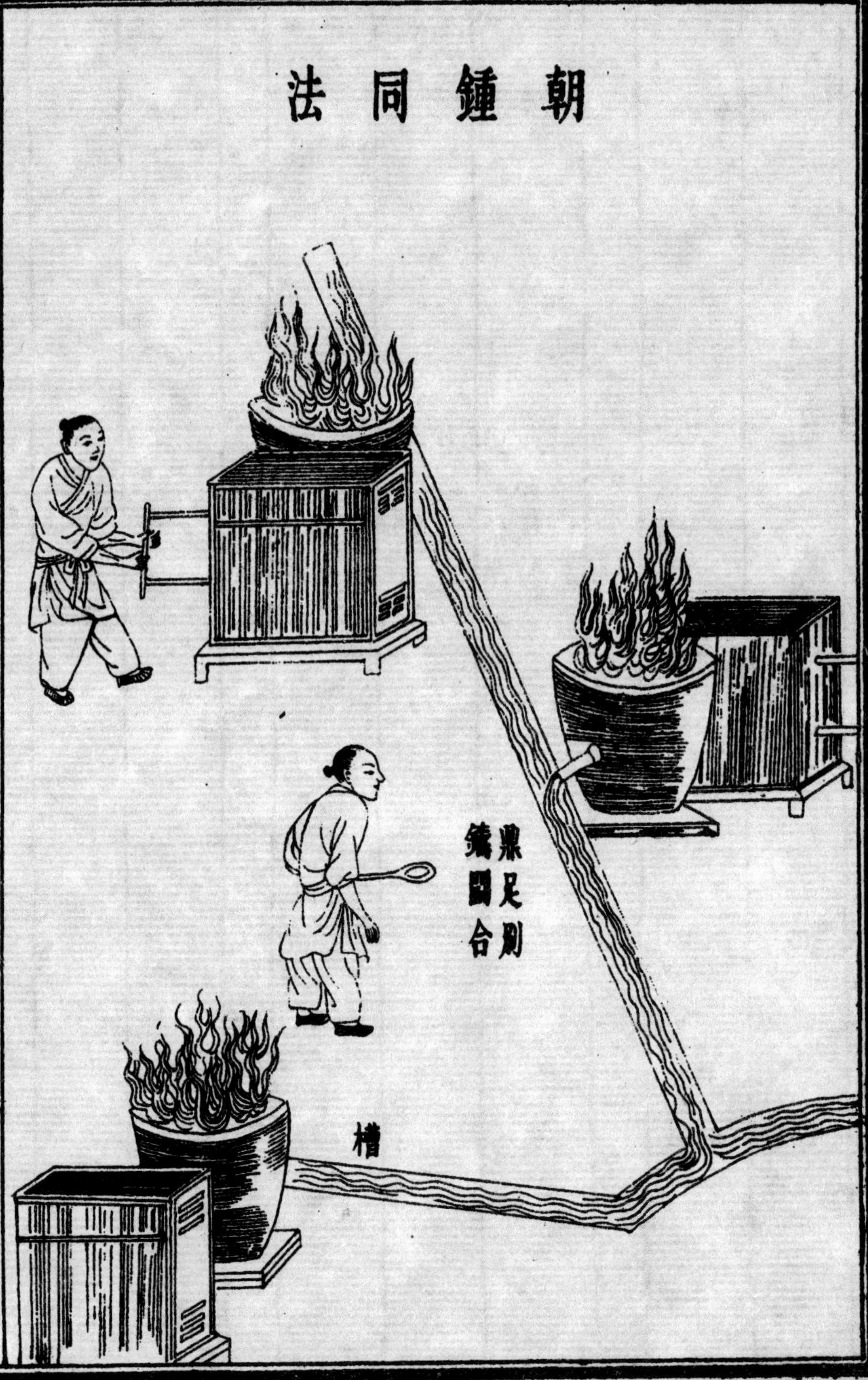

朝鍾同法
鼎足剛
鑄圖合
槽

塑鍾模圖

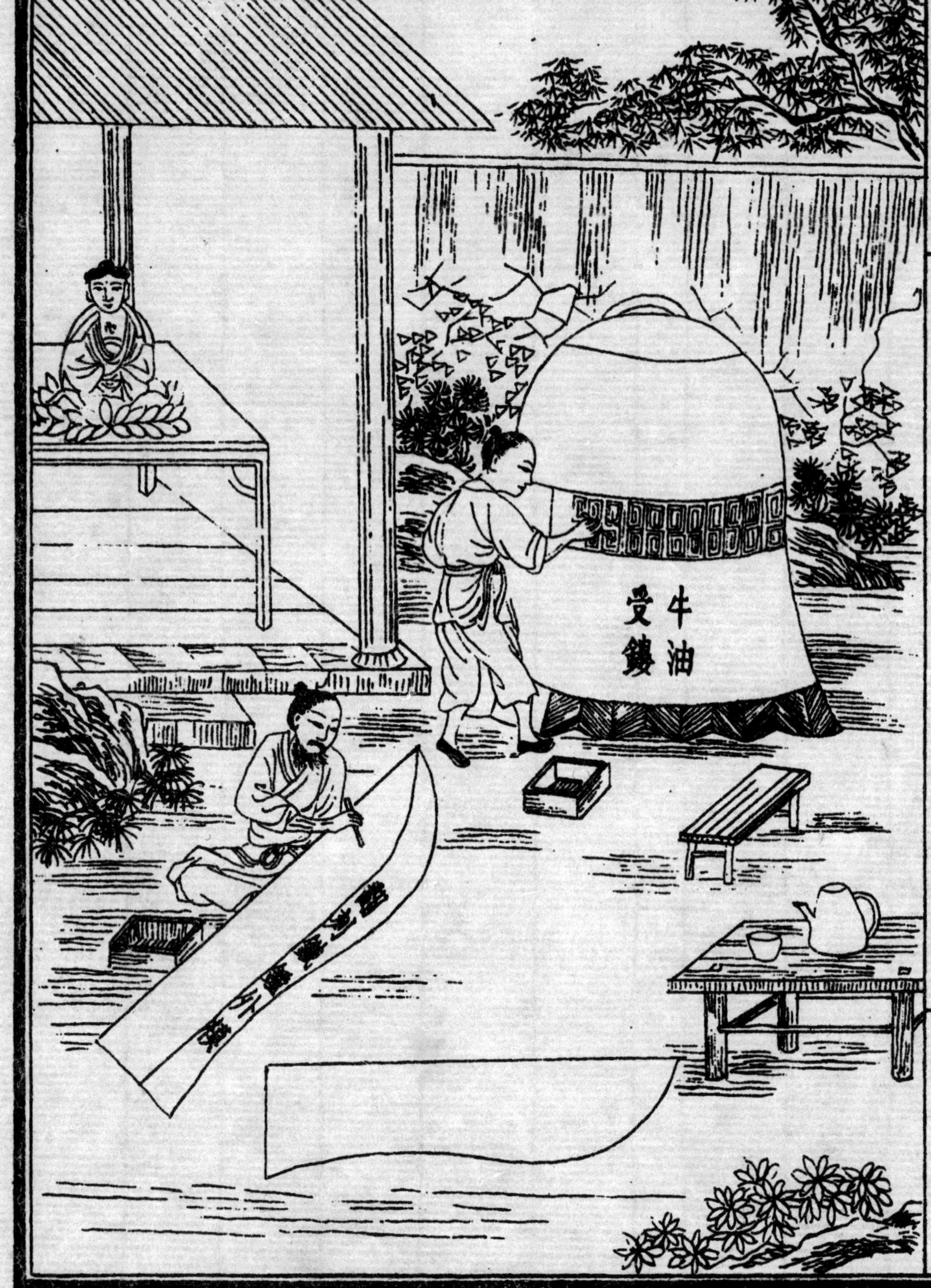

鍾與仙佛像圖

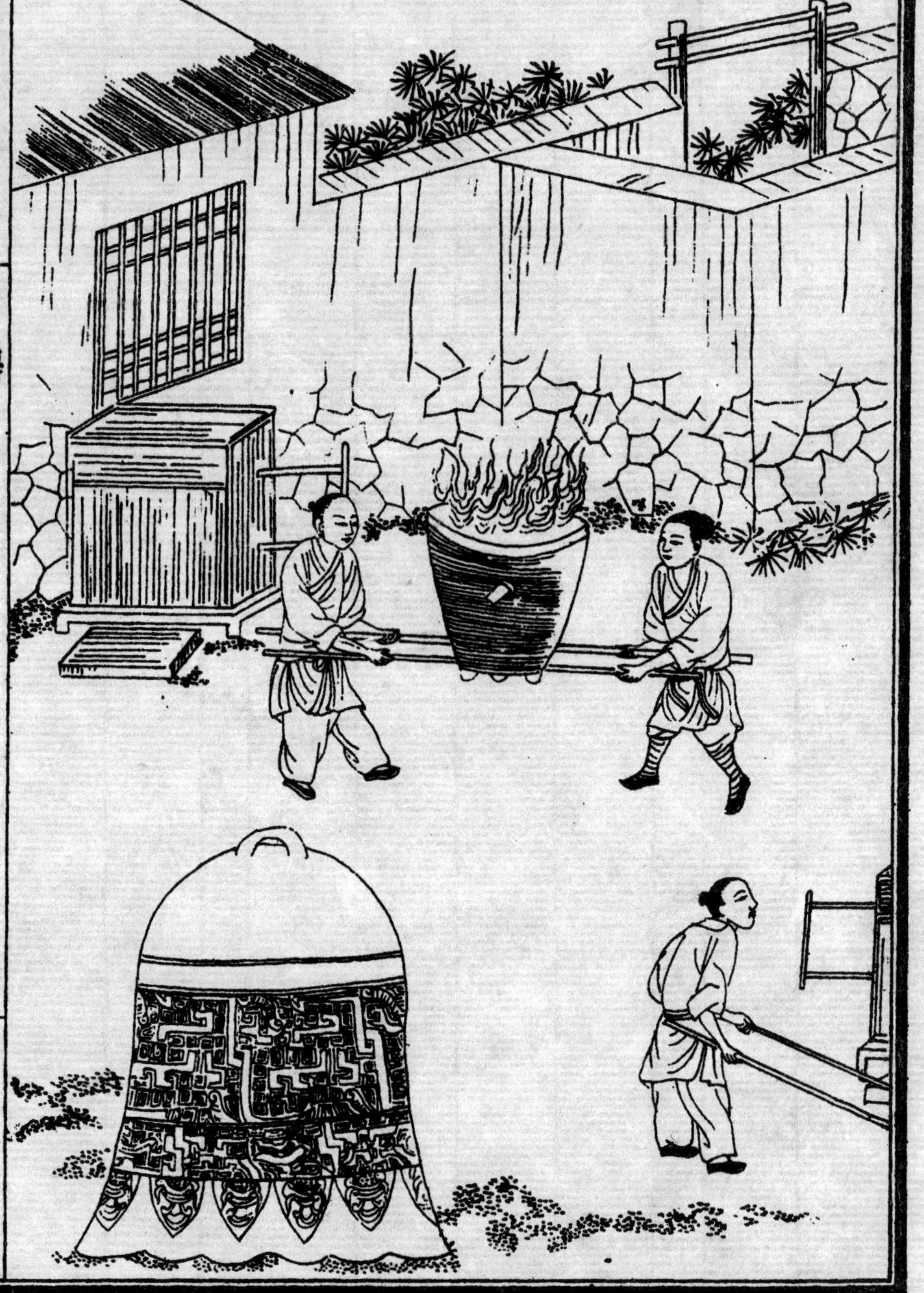

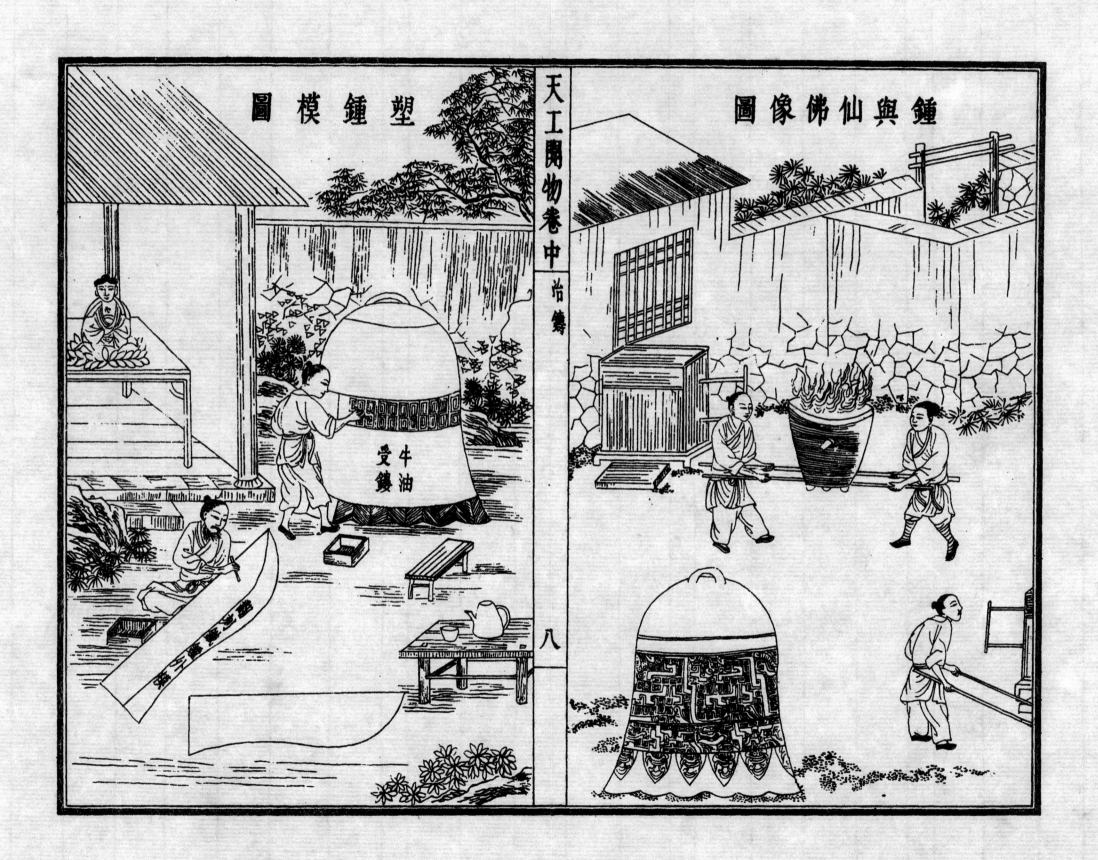

鑄錢圖
母錢印模

鑄釜圖
鐵水
鑄內
揭蓋
補鑄

錯錢

倭國造銀錢

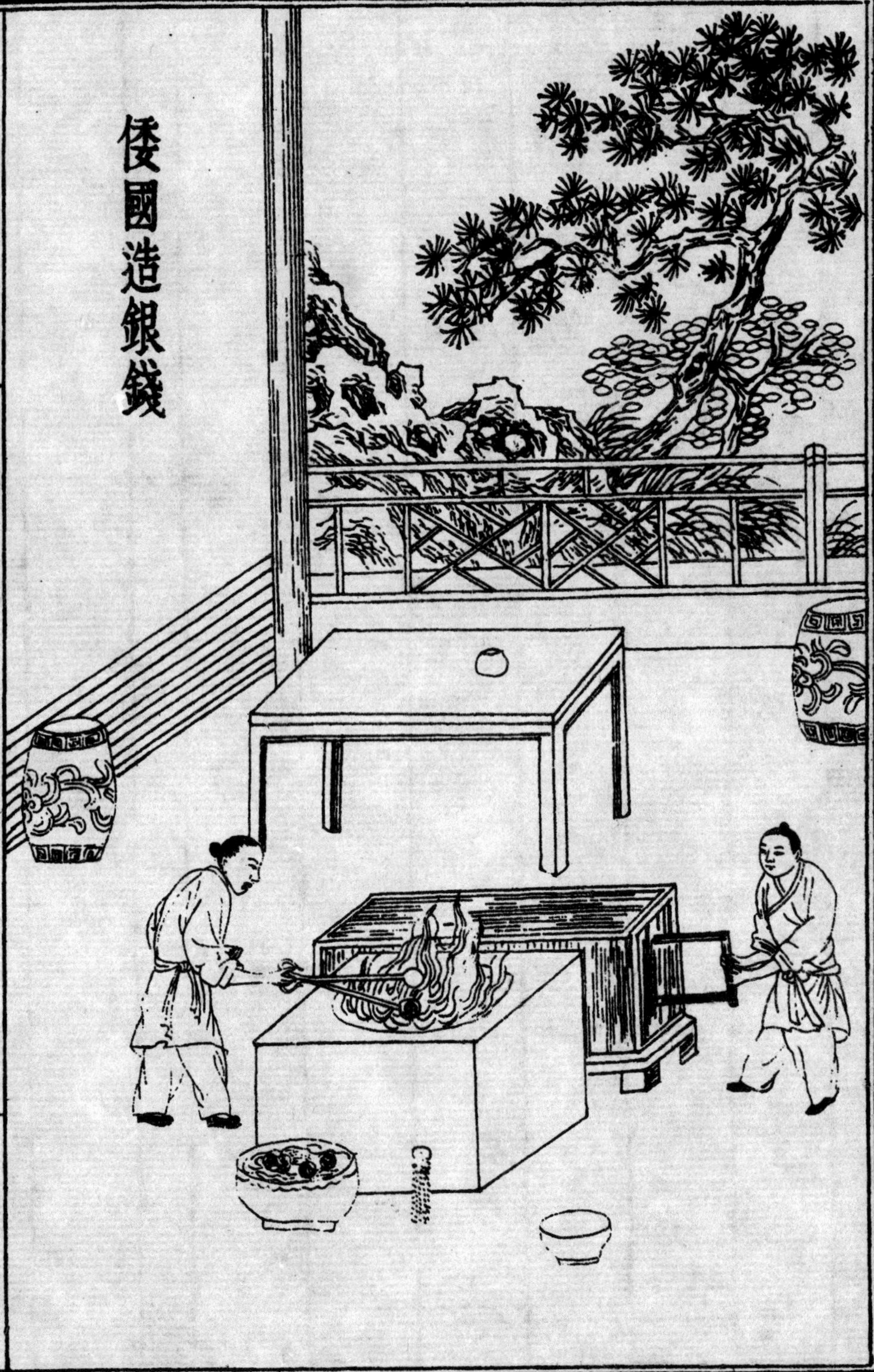

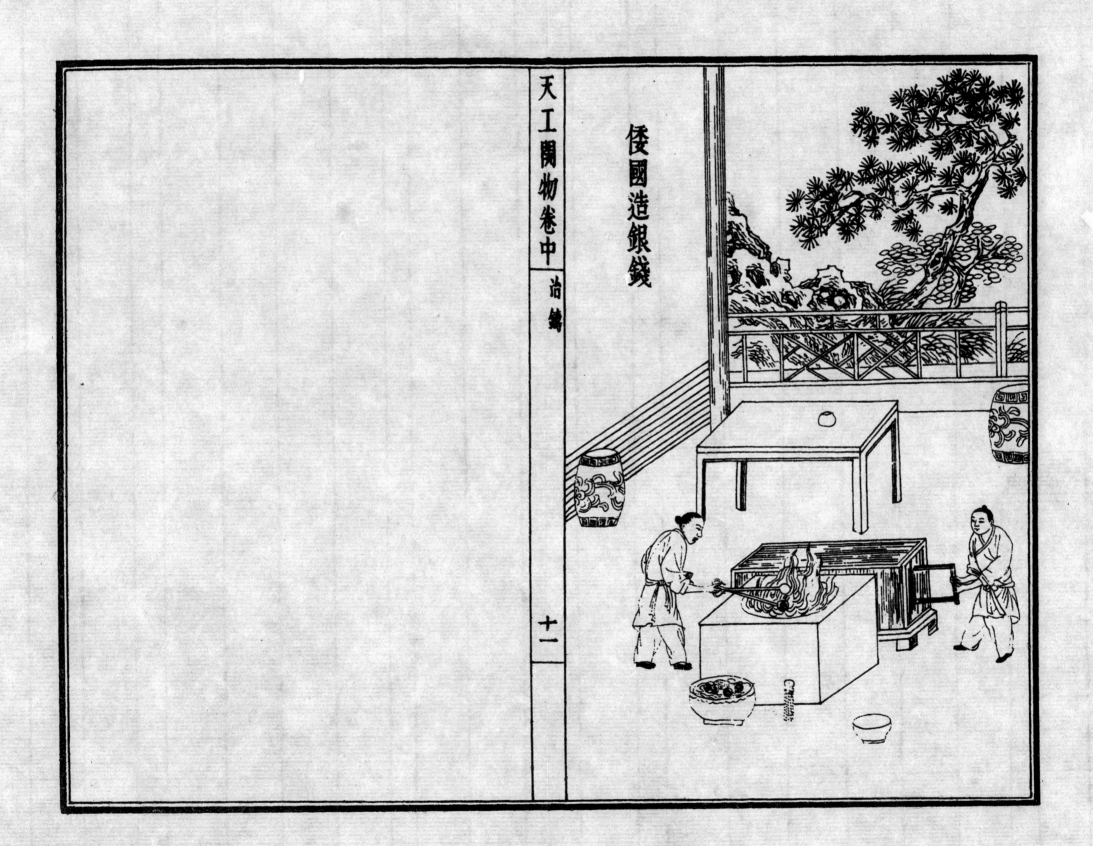

舟車第九

宋子曰人羣分而物異産來往懋遷以成宇宙若各居而老死何藉有羣類哉人有貴而必出行畏周行物有賤而必須坐窮負販四海之內南資舟而北資車梯航萬國能使帝京元氣充然何其始造舟車者不食尸祝之報也浮海長年視萬頃波如平地此與列子所謂御泠風者無異傳所稱奚仲之流倘所謂神人者非耶

舟

凡舟古名百千今名亦百千或以形名（如海鰍江鯿山梭之類）或以量名（載物之數）或以質名（各色木料）不可殫述遊海濱者得見洋船居江湄者得見漕舫若局趣山國之中老死平原之地所見者一葉扁舟截流亂筏而已麤載數舟制度其餘可例推云

漕舫

凡京師爲軍民集區萬國水運以供儲漕舫所由興也元朝混一以燕京爲大都南方運道由蘇州劉家港海門黃連沙開洋直抵天津制度用遮洋船永樂間因之以風濤多險後改漕運平江伯陳某始造平底淺船則今糧船之制也凡船制底爲地枋爲宮牆陰陽竹爲覆瓦伏獅前爲閥閱後爲寢堂桅爲弓弩弦蓬爲翼櫓爲車馬簟縴爲履

鞵緯索爲鷹雕筋骨招爲先鋒舵爲指揮主帥錨爲劄軍營寨糧船初制底長五丈二尺其板厚二寸採巨木楠爲上栗次之頭長九尺五寸梢長九尺五寸底闊九尺五寸底頭闊六尺底梢闊五尺頭伏獅闊八尺梢伏獅闊七尺梁頭一十四座龍口梁闊一丈深四尺使風梁闊一丈四尺深三尺八寸後斷水梁闊九尺深四尺五寸兩厫共闊七尺六寸此其初制載米可近二千石（交兌每隻止足五百石）後運軍造者私增身長二丈首尾闊二尺餘其量可受三千石而運河閘口原闊一丈二尺差可度過凡今官坐船其制盡同第窗戶之間寬其出徑加以精工彩飾而已凡造船

先從底起底面傍靠檣上承棧下親地面隔位列置者曰梁兩傍峻立者曰檣蓋檣巨木曰正枋枋上曰弦梁前豎桅位曰錨壇壇底橫木夾桅本者曰地龍前後維曰伏獅其下曰拏獅伏獅下封頭木曰連三枋船頭面中缺一方曰水井（其下藏纜索等物）頭面眉際樹兩木以繫纜者曰將軍柱船尾下斜上者曰草鞋底後封頭下曰短枋枋下曰挽脚梁船梢掌舵所居其上者野雞篷（使風時一人坐篷巔收守篷索）凡舟身將十丈者立桅必兩樹中桅之位折中過前二位頭桅又前丈餘糧船中桅長者以八丈爲率短者縮十之一二其本入窗內亦丈餘懸篷之位約五六丈頭桅尺寸則不及

中桅之半篷縱橫亦不敵三分之一蘇湖六郡運米其船多過石甕橋下且無江漢之險故桅與篷尺寸全殺若湖廣江西省舟則過湖衝江無端風浪故錨纜篷桅必極盡制度而後無患凡風篷尺寸其則一視全舟橫身過則有患不及則力軟凡船篷其質乃析篾成片織就夾維竹條逐塊摺疊以俟懸挂糧船中桅篷合併十人力方克湊頂頭篷則兩人帶之有餘凡度篷索先係空中寸圓木關捩于桅巔之上然後帶索腰間緣木而上三股交錯而度之凡風篷之力其末一葉敵其本三葉調勻和暢順風則絕頂張篷行疾奔馬若風力洊至則以次減下（遇風鼓急不下以鉤搭扯）狂甚則只帶一兩葉而已凡風從橫來名曰搶風順水行舟則挂篷之玄遊走或一搶向東止寸平過甚至却退數十丈未及岸時捩舵轉篷一搶向西借貸水力兼帶風力軋下則頃刻十餘里或湖水平而不流者亦可緩軋若上水舟則一步不可行也凡船性隨水若草從風故制舵障水使不定向流舵板一轉一泓從之凡舵尺寸與船腹切齊若長一寸則遇淺之時船腹已過其梢尼舵使膠住設風狂力勁則寸木爲難不可言舵短一寸則轉運力怯回頭不捷凡舵力所障水相應及船頭而止其腹底之下儼若一派急順流故船頭不約而正其機妙不可言舵上所

操柄名曰關門棒欲船北則南向捩轉欲船南則北向捩轉船身太長而風力横勁舵力不甚應手則急下一偏披水板以抵其勢凡舵用直木一根（糧船用者圍三尺長丈餘）爲身上截衡受棒下截界開衡口納板其中如斧形鐵釘固拴以障水梢後隆起處亦名曰舵樓凡鐵錨所以沉水繫舟一糧船計用五六錨最雄者曰看家錨重五百斤內外其餘頭用二枝梢用二枝凡中流遇逆風不可去又不可泊（或業已近岸其下有石非沙亦不可泊惟打錨深處）則下錨沉水底其所繫緯纏繞將軍柱上錨爪一遇泥沙扣底抓住十分危急則下看家錨繫此錨者名曰本身蓋重言之也或同行前舟阻滯恐我舟順勢急去有撞傷之禍則急下梢錨提住使不迅速流行風息開舟則以雲車絞纜提錨使上凡船板合隙縫以白麻斮絮爲筋鈍鑿扱入然後篩過細石灰和桐油舂杵成團調艌温台閩廣即用蠣灰凡舟中帶篷索以火麻稭（一名大麻）綯絞麤成徑寸以外者即繫萬鈞不絶若繫錨纜則破析青篾爲之其篾線入釜煮熟然後糾絞拽縴簟亦煮熟篾線絞成十丈以往中作圈爲接彄遇阻礙可以掐斷凡竹性直篾一線千鈞三峽入川上水舟不用糾絞簟纜即破竹濶寸許者整條以次接長名曰大枚蓋沿崖石稜如刃懼破篾易損也凡木色桅用端直杉木長不足則接其

表鐵箍逐寸包圍船窗前道皆當中空闕以便樹桅凡樹中桅合併數巨舟承載其末長纜繫表而起梁與枋檣用楠木櫧木樟木榆木槐木（樟木春夏伐者久則粉蛀）棧板不拘何木舵桿用榆木榔木櫧木關門棒用椆木榔木櫓用杉木檜木楸木此其大端云

海舟

凡海舟元朝與國初運米者曰遮洋淺船次者曰鑽風船（即海鰍）所經道里止萬里長灘黑水洋沙門島等處皆無大險與出使琉球日本暨商賈瓜哇篤泥等船制度工費不及十分之一凡遮洋運船制視漕船長一丈六尺闊二尺五寸器具皆同唯舵桿必用鐵力木艌灰用魚油和桐油不知何義凡外國海舶制度大同小異閩廣（閩由海澄開洋廣由香山嶴）洋船截竹兩破排柵樹于兩傍以抵浪登萊制度又不然倭國海舶兩傍列櫓手欄板抵水人在其中運力朝鮮制度又不然至其首尾各安羅經盤以定方向中腰大橫梁出頭數尺貫插腰舵則皆同也腰舵非與梢舵形同乃闊板斲成刀形插入水中亦不捩轉蓋夾衛扶傾之義其上仍橫柄拴于梁上而遇淺則提起有似乎舵故名腰舵也凡海舟以竹筒貯淡水數石度供舟內人兩日之需遇島又汲其何國何島合用何向針指示昭然恐非人力所

祖舵工一羣主佐直是識力造到死生渾忘地非鼓勇之謂也

雜舟

江漢課船身甚狹小而長上列十餘倉每倉容止一人卧息首尾共槳六把小桅篷一座風濤之中恃有多槳挾持不遇逆風一晝夜順水行四百餘里逆水亦行百餘里國朝鹽課淮揚數頗多故設此運銀名曰課船行人欲速者亦買之其船南自章貢西自荆襄達于瓜儀而止

三吳浪船凡浙西平江縱橫七百里內盡是深溝小水灣環浪船（最小者名曰塘船）以萬億計其舟行人貴賤來往以代馬

車扉履舟即小者必造窗牖堂房質料多用杉木人物載其中不可偏重一石偏即欹側故俗名天平船此舟來往七百里內或好逸便者徑買北達通津只有鎭江一横渡俟風靜涉過又渡清江浦溯黃河淺水二百里則入閘河安穩路矣至長江上流風浪則沒世避而不經也浪船行力在梢後巨櫓一枝兩三人推軋前走或恃繾簟至于風篷則小席如掌所不恃也

東浙西安船浙東自常山至錢塘八百里水徑入海不通他道故此舟自常山開化遂安等小河起至錢塘而止更無他涉舟制箬篷如捲瓦爲上蓋縫布爲帆高可二丈許

綿索張帶初爲布帆者原因錢塘有潮湧急時易于收下此亦未然其費似侈于篾席總不可曉

福建清流梢篷船其船自光澤崇安兩小河起達于福州洪塘而止其下水道皆海矣清流船以載貨物客商梢篷船大差可坐臥官貴家屬用之其船皆以杉木爲地灘石甚險破損者其常遇損則急艤向岸搬物掩塞船梢徑不用舵船首列一巨招掁頭使轉每幫五隻方行經一險灘則四舟之人皆從尾後曳纜以緩其趨勢長年即寒冬不裹足以便頻濡風篷竟懸不用云

四川八櫓等船凡川水源通江漢然川船達荆州而止此

下則更舟矣逆行而上自夷陵入峽挽縴者以巨竹破爲四片或六片麻繩約接名曰火杖舟中鳴鼓若競渡挽人從山石中聞鼓聲而咸力中夏至中秋川水封峽則斷絕行舟數月過此消退方通往來其新灘等數極險處人與貨盡盤岸行半里許只餘空舟上下其舟制腹圓而首尾尖狹所以鬬灘浪云

黃河滿篷梢其船自河入淮自淮遡汴舟之質用楠木工價頗優大小不等巨者載三千石小者五百石下水則首頸之際橫壓一梁巨櫓兩枝兩傍推軋而下錨纜簟篷制與江漢相彷云

廣東黑樓船鹽船北自南雄南達會省下此惠潮通漳泉則由海汊乘海舟矣黑樓船爲官貴所乘鹽船以載貨物舟制兩傍可行走風帆編蒲爲之不挂獨竿桅雙柱懸帆不若中原隨轉逆流馮藉縴力則與各省直同功云

黃河秦船(俗名擺子船)造作多出韓城巨者載石數萬鈞順流而下供用淮徐地面舟制首尾方闊均等倉梁平下不甚隆起急流順下巨櫓兩傍夾推來往不馮風力歸舟挽縴多至二十餘人甚有棄舟空返者

車

凡車利行平地古者秦晉燕齊之交列國戰爭必用車故

千乘萬乘之號起自戰國楚漢血爭而後日闘南方則水戰用舟陸戰用步馬北膺胡虜交使鐵騎戰車遂無所用之但今服馬駕車以運重載則今日騾車即同彼時戰車之義也凡騾車之制有四輪者有雙輪者其上承載支架皆從軸上穿闘而起四輪者前後各橫軸一根軸上短柱起架直梁梁上載箱馬止脫駕之時其上平整如居屋安穩之象若兩輪者駕馬行時馬曳其前則箱地平正脫馬之時則以短木從地支撐而住不然則欹卸也凡車輪一曰輮(俗名車陀)其大車中轂(俗名車腦)長一尺五寸(見小戎車註)所謂外受輻中貫軸者輻計三十片其內插轂其外接輔車輪之

中內集輪外接輞圓轉一圈者是曰輔也輞際盡頭則曰輪轅也凡大車脫時則諸物星散收藏駕則先上兩軸然後以次間架凡軾衡軫軛皆從軸上受基也凡四輪大車量可載五十石騾馬多者或十二挂或十挂少亦八挂執鞭掌御者居箱之中立足高處前馬分爲兩班（戰車四馬一班分驂）糾黃麻爲長索分繫馬項後套總結收入衡內兩旁掌御者手執長鞭鞭以麻爲繩長七尺許竿身亦相等察視不力者鞭及其身箱內用二人踹繩須識馬性與索性者爲之馬行太緊則急起踹繩否則翻車之禍從此起也凡車行時遇前途行人應避者則掌御者急以聲呼則羣馬皆止凡馬索總繫透衡入箱處皆以牛皮束縛詩經所謂

脅驅是也凡大車飼馬不入肆舍車上載有柳盤解索而野食之乘車人上下皆緣小梯凡遇橋梁中高邊下者則十馬之中擇一最强力者繫于車後當其下坂則九馬從前緩曳一馬從後竭力抓住以殺其馳趨之勢不然則險道也凡大車行程遇河亦止遇山亦止遇曲徑小道亦止徐兗汴梁之交或達三百里者無水之國所以濟舟楫之窮也凡車質惟先擇長者爲軸短者爲轂其木以槐棗檀榆（用榔榆）爲上檀質太久勞則發燒有慎用者合抱棗槐其至美也其餘軫衡箱軛則諸木可爲耳此外牛車以載芻

糧最盛晉地路逢隘道則牛頸繫巨鈴名曰報君知猶之騾車羣馬盡繫鈴聲也又北方獨轅車人推其後驢曳其前行人不耐騎坐者則雇覓之鞠席其上以蔽風日人必兩旁對坐否則欹倒此車北上長安濟寧徑達帝京不載人者載貨約重四五石而止其駕牛爲轎車者獨盛中州兩旁雙輪中穿一軸其分寸平如水橫架短衡列轎其上人可安坐脫駕不欹其南方獨輪推車則一人之力是視容載二石遇坎卽止最遠者止達百里而已其餘難以枚述但生于南方者不見大車老于北方者不見巨艦故麤載之

漕舫圖

六槳課船圖

箱
衡

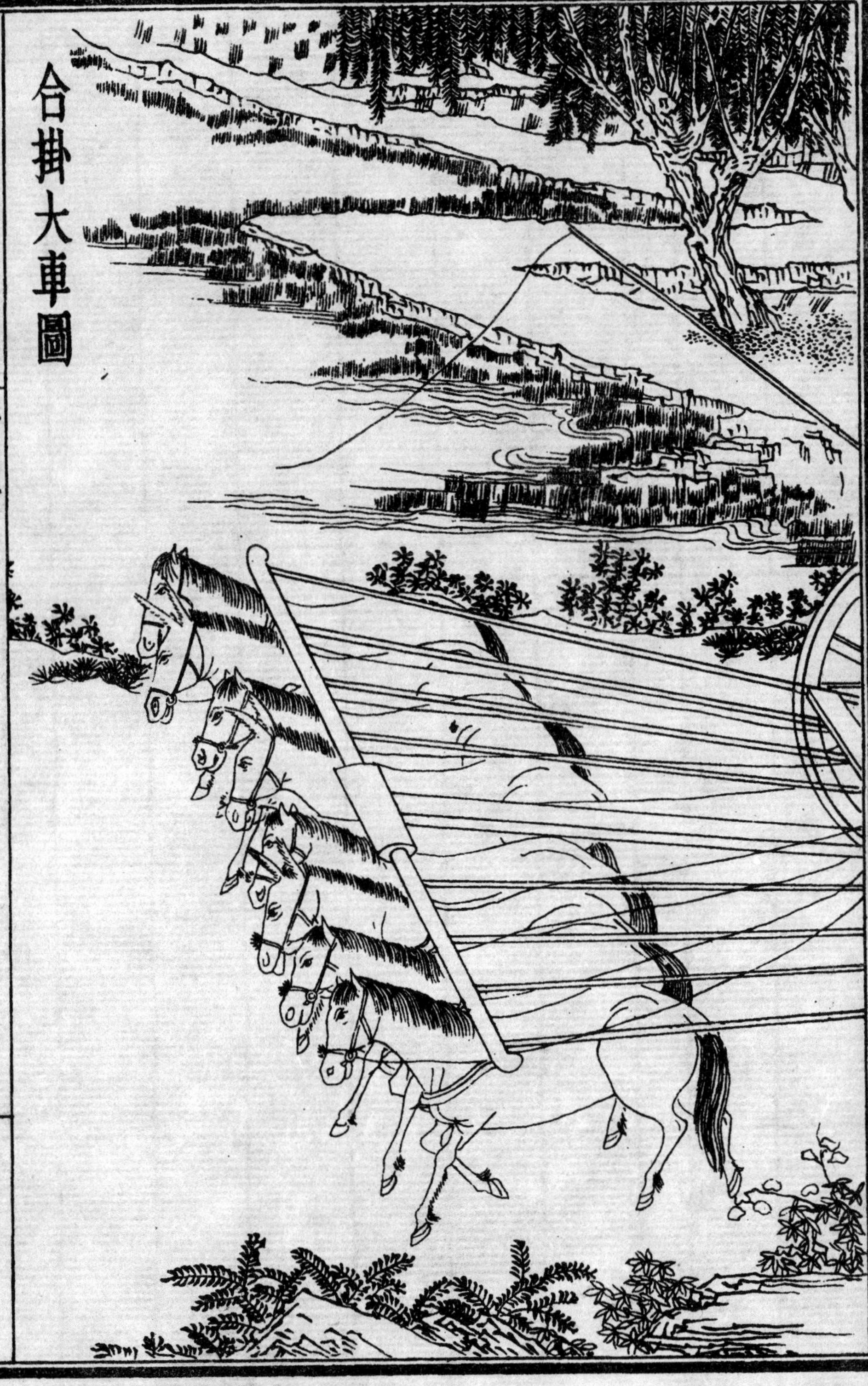
合掛大車圖

雙縋

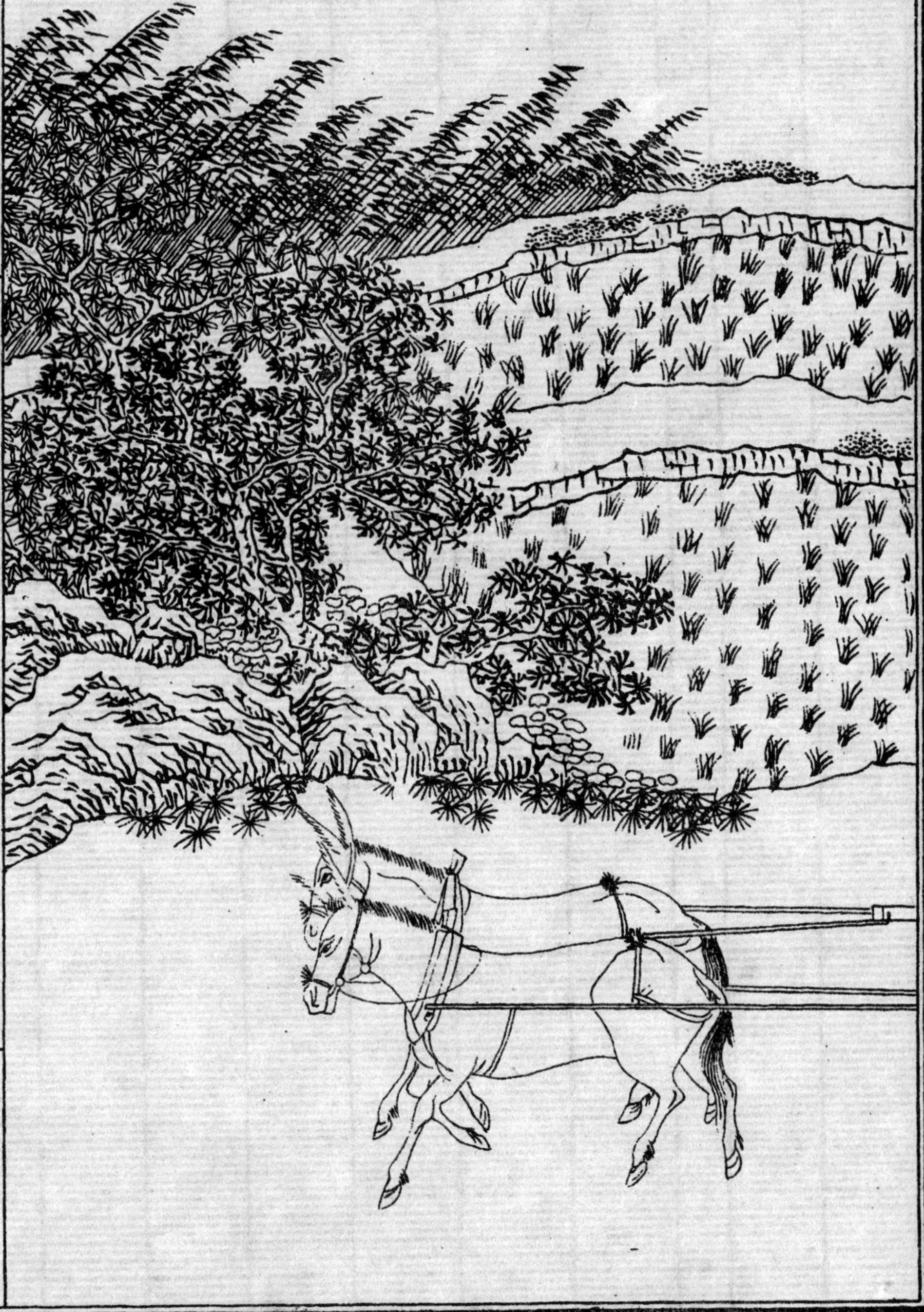

獨轅車圖

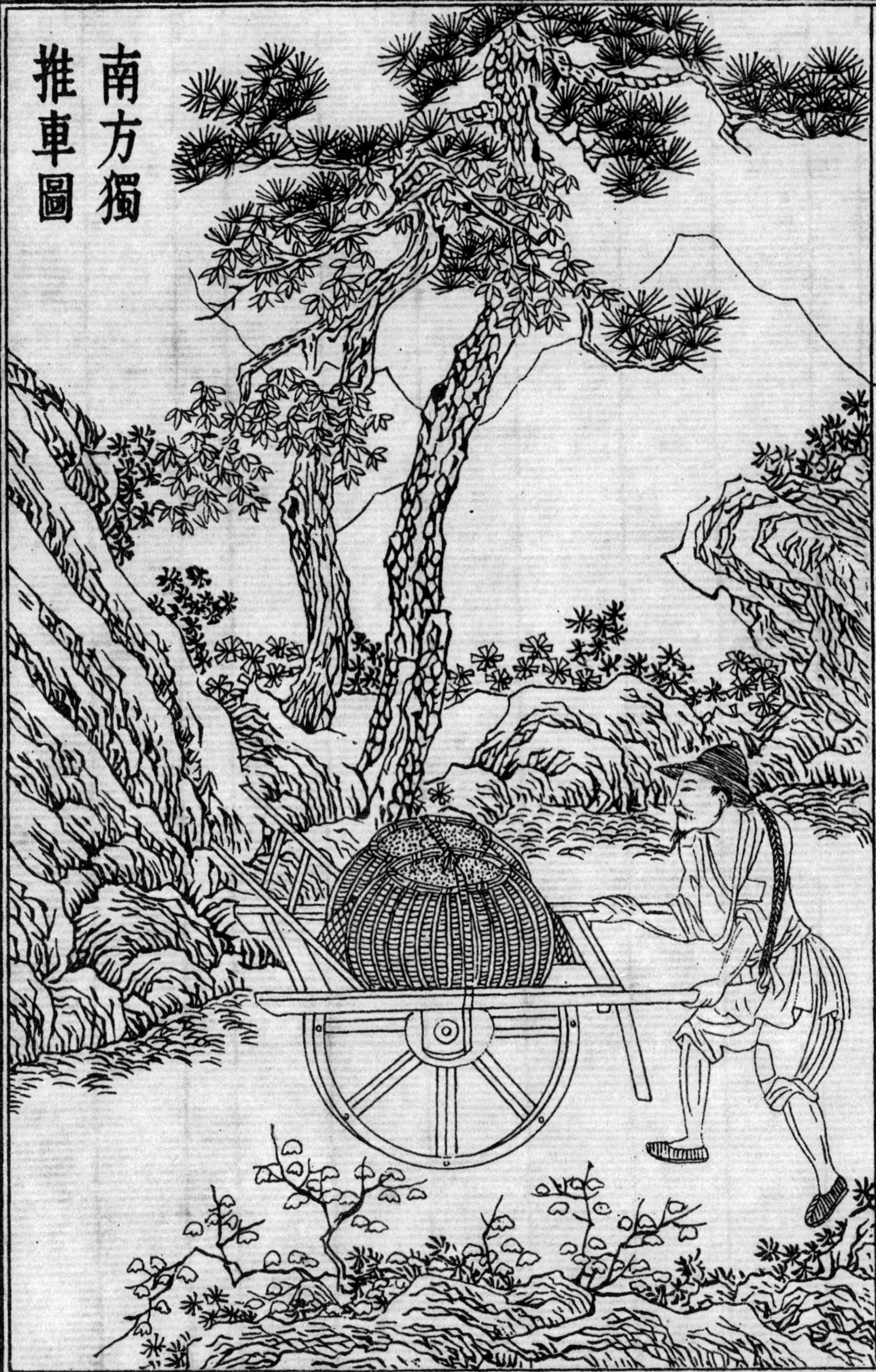

南方獨推車圖

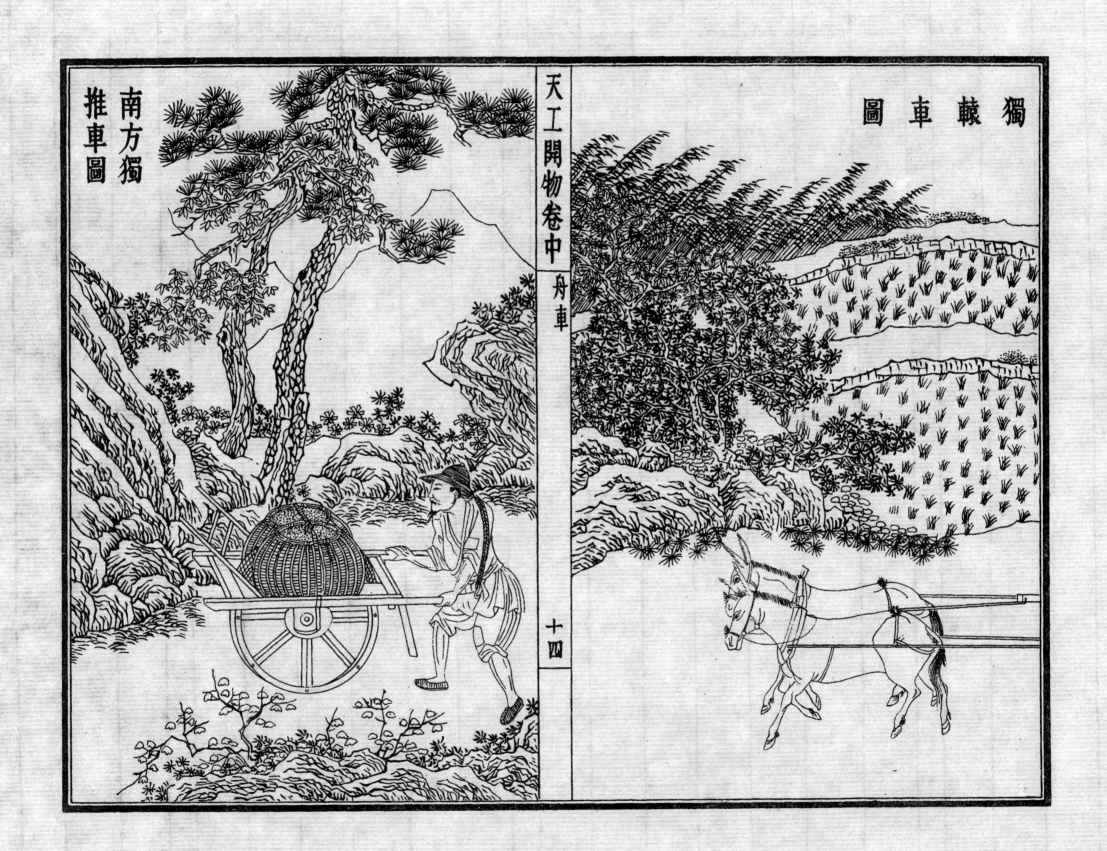

錘鍛第十

宋子曰金木受攻而物象曲成世無利器卽般倕安所施其巧哉五兵之內六樂之中微鉗錘之奏功也生殺之機泯然矣同出洪爐烈火小大殊形重千鈞者繫巨艦于狂淵輕一羽者透繡紋于章服使冶鍾鑄鼎之巧束手而讓神功焉莫邪干將雙龍飛躍毋其說亦有徵焉者乎

治鐵

凡治鐵成器取已炒熟鐵爲之先鑄鐵成砧以爲受錘之地諺云萬器以鉗爲祖非無稽之說也凡出爐熟鐵名曰毛鐵受鍛之時十耗其三爲鐵華鐵落若已成廢器未鏽爛者名曰勞鐵改造他器與本器再經錘鍛十止耗去其一也凡爐中熾鐵用炭煤炭居十七木炭居十三凡山林無煤之處鍛工先擇堅硬條木燒成火墨（俗名火矢揚燒不閉穴火）其炎更烈于煤卽用煤炭亦別有鐵炭一種取其火性內攻焰不虛騰者與炊炭同形而有分類也凡鐵性逐節黏合塗上黃泥于接口之上入火揮槌泥滓成枵而去取其神氣爲媒合膠結之後非灼紅斧斬永不可斷也凡熟鐵鋼鐵已經爐錘水火未濟其質未堅乘其出火時入清水淬之名曰健鋼健鐵言乎未健之時爲鋼爲鐵弱性猶存也

凡銲鐵之法西洋諸國別有奇藥中華小銲用白銅末大

銲則竭力揮錘而强合之歷歲之久終不可堅故大砲西番有鍜成者中國惟恃冶鑄也

斤斧

凡鐵兵薄者爲刀劍背厚而面薄者爲斧斤刀劍絶美者以百鍊鋼包裹其外其中仍用無鋼鐵爲骨若非鋼表鐵裏則勁力所施卽成折斷其次尋常刀斧止嵌鋼于其面卽重價寶刀可斬釘截凡鐵者經數千遭磨礪則鋼盡而鐵現也倭國刀背闊不及二分許架于手指之上不復欹倒不知用何錘法中國未得其傳凡健刀斧皆嵌鋼包鋼整齊而後入水淬之其快利則又在礪石成功也凡匠斧

與椎其中空管受柄處皆先打冷鐵爲骨名曰羊頭然後熱鐵包裹冷者不黏自成空隙凡攻石椎日久四面皆空鎔鐵補滿平塡再用無弊

鋤鎛

凡治地生物用鋤鎛之屬熟鐵鍛成鎔化生鐵淋口入水淬健卽成剛勁每鍬鋤重一斤者淋生鐵三錢爲率少則不堅多則過剛而折

鎈

凡鐵鎈純鋼爲之未健之時鋼性亦軟以已健鋼鏩劃成縱斜文理劃時斜向入則文方成焰劃後燒紅退微冷入

水健久用乖平入火退去健性再用鏩劃凡銼開鋸齒用
茅葉銼後用快弦銼治銅錢用方長牽銼鎖鑰之類用方
條銼治骨角用劍面銼（朱註所謂鑢鍚）治木末則錐成圓眼不用
縱斜文者名曰香銼（劃銼紋時用羊角末和鹽醋先塗）

錐

凡錐熟鐵錘成不入鋼和治書編之類用圓鑽攻皮革用
扁鑽梓人轉索通眼引釘合木者用蛇頭鑽其制穎上二
分許一面圓一面剜入傍起兩稜以便轉索治銅葉用雞
心鑽其通身三稜者名旋鑽通身四方而末銳者名打鑽

鋸

凡鋸熟鐵鍛成薄條不鋼亦不淬健出火退燒後頻加冷
錘堅性用銼開齒兩頭銜木爲梁糾篾張開促緊使直長
者刮木短者截木齒最細者截竹齒鈍之時頻加銼銳而
後使之

鉋

凡鉋磨礪嵌鋼寸鐵露及秒忽斜出木口之面所以平木
古名曰準巨者卧準露及持木抽削名曰推鉋圓桶家使
之尋常用者橫木爲兩翅手執前推梓人爲細功者有起
線鉋及闊二分許又刮木使極光者名蜈蚣鉋一木之上
銜十餘小刀如蜈蚣之足

治銅

凡紅銅升黃而後鎔化造器用砒升者爲白銅器工費倍難脩者事之凡黃銅原從爐甘石升者不退火性受錘從倭鉛升者出爐退火性以受冷錘凡響銅入錫參和（法具五金卷）成樂器者必圓成無銲其餘方圓用器走銲炙火黏合用錫末者爲小銲用響銅末者爲大銲（碎銅爲末用飯黏和打入水洗去飯銅末具存不然則撒散）若銲銀器則用紅銅末凡錘樂器錘鉦（俗名鑼）不事先鑄鎔團即錘錘鐲（俗名銅鼓）與丁寧則先鑄成圓片然後受錘凡錘鉦鐲皆鋪團于地面巨者眾共揮力由小闊開就身起弦聲俱從冷錘點發其銅鼓中間突起隆砲而

後冷錘開聲聲分雌與雄則在分釐起伏之妙重數錘者其聲爲雄凡銅經錘之後色成啞白受鏟復現黃光經錘折耗鐵損其十者銅只去其一氣腥而色美故錘工亦貴重鐵工一等云

錘錨圖

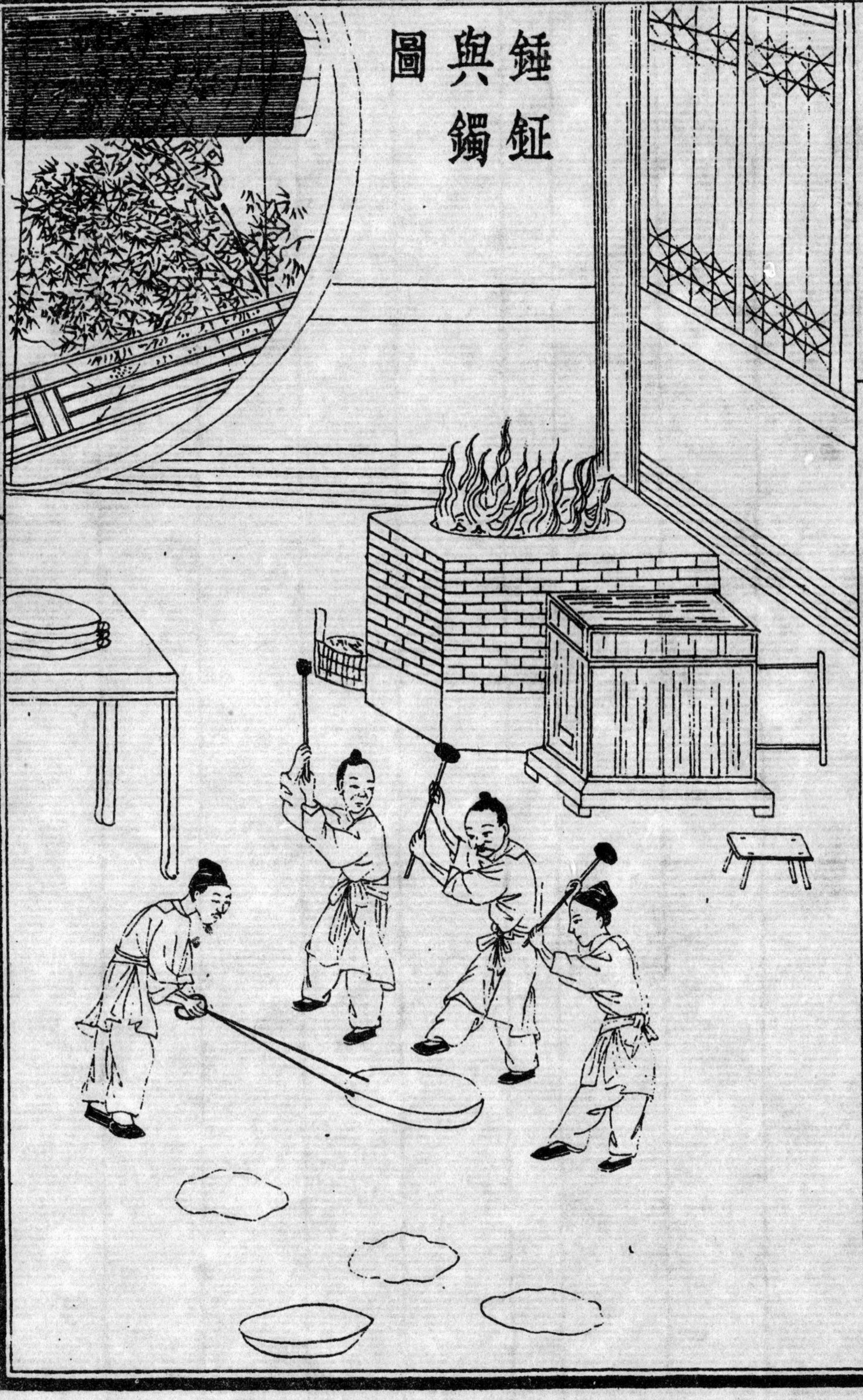

錘鉦與鐲圖

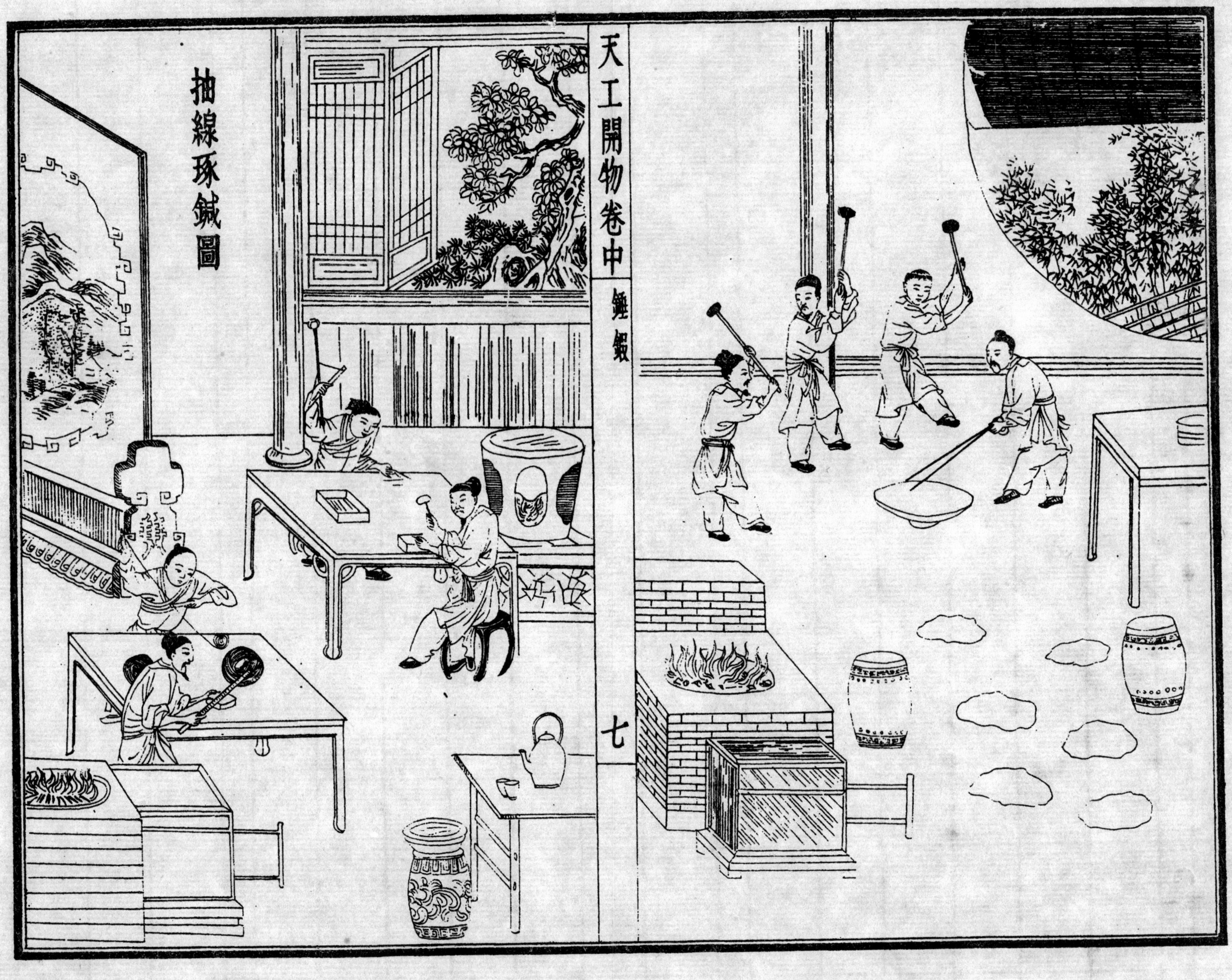
抽線琢鍼圖

燔石第十一

宋子曰五行之內土爲萬物之母子之貴者豈惟五金哉金與火相守而流功用謂莫尙焉矣石得燔而成功蓋愈出而愈奇焉水浸淫而敗物有隙必攻所謂不遺絲髮者調和一物以爲外拒漂海則衝洋瀾黏甃則固城雉不煩歷候遠涉而至寶得焉燔石之功殆莫之與京矣至于礬現五色之形硫爲羣石之將皆變化于烈火巧極丹鉛爐火方士縱焦勞唇舌何嘗肖像天工之萬一哉

石灰

凡石灰經火焚煉爲用成質之後入水永劫不壞億萬舟楫億萬垣牆窒隙防淫是必由之百里內外土中必生可燔石石以青色爲上黃白次之石必掩土內二三尺掘取受燔土面見風者不用燔灰火料煤炭居什九薪炭居什一先取煤炭泥和做成餅每煤餅一層疊石一層鋪薪其底灼火燔之最佳者曰礦灰最惡者曰窯滓灰火力到後燒酥石性置于風中久自吹化成粉急用者以水沃之亦自解散凡灰用以固舟縫則桐油魚油調厚絹細羅和油杵千下塞艌用以砌牆石則篩去石塊水調黏合甃墁則仍用油灰用以堊牆壁則澄過入紙筋塗墁用以裹墓及貯水池則灰一分入河沙黃土三分用糯粳米羊桃藤汁

可用也凡取煤經歷久者從土面能辨有無之色然後掘穵深至五丈許方始得煤初見煤端時毒氣灼人有將巨竹鑿去中節尖銳其末插入炭中其毒煙從竹中透上人從其下施钁拾取者或一井而下炭縱橫廣有則隨其左右闊取其上枝板以防壓崩耳凡煤炭取空而後以土塡實其井經二三十年後其下煤復生長取之不盡其底及四周石卵土人名曰銅炭者取出燒皁礬與硫黃（詳後款）凡石卵單取硫黃者其氣薰甚名曰臭煤燕京房山固安湖廣荆州等處間有之凡煤炭經焚而後質隨火神化去總無灰滓蓋金與土石之間造化別現此種云凡煤炭不生茂草盛木之鄉以見天心之妙其炊爨功用所不及者唯

結腐一種而已（結豆腐者用煤爐則焦苦）

礬石　白礬

凡礬燔石而成白礬一種亦所在有之最盛者山西晉南直無爲等州値價低賤與寒水石相彷然煎水極沸投礬化之以之染物則固結膚膜之間外水永不入故製糖餞與染畫紙紅紙者需之其末乾撒又能治浸淫惡水故濕瘡家亦急需之也凡白礬掘土取磊塊石層疊煤炭餅鍛煉如燒石灰樣火候已足冷定入水煎水極沸時盤中有濺溢如物飛出俗名蝴蝶礬者則礬成矣煎濃之後入水

和勻輕築堅固永不隳壞名曰三和土其餘造澱造紙功用難以枚述凡溫台閩廣海濱石不堪灰者則天生蠣蠔以代之

蠣灰

凡海濱石山傍水處鹹浪積壓生出蠣房閩中曰蠔房經年久者長成數丈闊則數畝崎嶇如石假山形象蛤之類壓入巖中久則消化作肉團名曰蠣黃味極珍美凡燔蠣灰者執椎與鑿濡足取來（藥鋪所貨牡蠣即此碎塊）疊煤架火燔成與前石灰共法黏砌成牆橋梁調和桐油造舟功皆相同有誤以蜆灰（即蛤粉）爲蠣灰者不格物之故也

煤炭

凡煤炭普天皆生以供鍛鍊金石之用南方禿山無草木者下即有煤北方勿論煤有三種有明煤碎煤末煤明煤大塊如斗許燕齊秦晉生之不用風箱鼓扇以木炭少許引燃熯熾達晝夜其傍夾帶碎屑則用潔淨黃土調水作餅而燒之碎煤有兩種多生吳楚炎高者曰飯炭用以炊烹炎平者曰鐵炭用以冶鍛入爐先用水沃濕必用鼓鞴後紅以次增添而用末炭如麪者名曰自來風泥水調成餅入于爐內既灼之後與明煤相同經晝夜不滅半供炊爨半供鎔銅化石升朱至于燔石爲灰與礬硫則三煤皆

缸內澄其上隆結曰弔礬潔白異常其沉下者曰缸礬輕虛如棉絮者曰柳絮礬燒汁至盡白如雪者謂之巴石方藥家鍛過用者曰枯礬云

青礬　紅礬　黃礬　膽礬

凡皁紅黃礬皆出一種而成變化其質取煤炭外礦石（俗名銅炭）子每五百斤入爐爐內用煤炭餅（自來風不用鼓鞴者）千餘斤周圍包裹此石爐外砌築土牆圈圍爐巔空一圓孔如茶碗口大透炎直上孔傍以礬滓厚罨（此滓不知起自何世欲作新爐者非舊滓罨蓋則不成）然後從底發火此火度經十日方熄其孔眼時有金色光直上（取硫詳後款）鍛經十日後冷定取出半酥雜碎者另揀出名曰時礬爲煎礬紅用其中精粹如礦灰形者取入

缸中浸三箇時漉入釜中煎煉每水十石煎至一石火候方足煎乾之後上結者皆佳好皁礬下者爲礬滓（後爐用此蓋）此皁礬染家必需用中國煎者亦惟五六所原石五百斤成皁礬二百斤其大端也其揀出時礬（俗又名雞屎礬）每斤入黃土四兩入罐熬煉則成礬紅圬墁及油漆家用之其黃礬所出又奇甚乃即煉皁礬爐側土牆春夏經受火石精氣至霜降立冬之交冷靜之時其牆上自然爆出此種如淮北磚牆生焰硝樣刮取下來名曰黃礬染家用之金色淡者塗炙立成紫赤也其黃礬自外國來打破中有金絲者

名曰波斯礬別是一種又山陝燒取硫黃山上其滓棄地二三年後雨水浸淋精液流入溝麓之中自然結成皁礬取而貨用不假煎煉其中色佳者人取以混石膽云石膽一名膽礬者亦出晉隰等州乃山石穴中自結成者故綠色帶寶光燒鐵器淬于膽礬水中即成銅色也本草載礬雖五種並未分別原委其崑崙礬狀如黑泥鐵礬狀如赤石脂者皆西域產也

硫黃

凡硫黃乃燒石承液而結就著書者誤以焚石爲礬石遂有礬液之說然燒取硫黃石半出特生白石半出煤礦燒礬石此礬液之說所由混也又言中國有溫泉處必有硫黃今東海廣南產硫黃處又無溫泉此因溫泉水氣似硫黃故意度言之也凡燒硫黃石與煤礦石同形掘取其石用煤炭餅包裹叢架外築土作爐炭與石皆載千斤于內爐上用燒硫舊滓罨蓋中頂隆起透一圓孔其中火力到時孔內透出黃焰金光先教陶家燒一缽盂其盂當中隆起邊弦捲成魚袋樣覆于孔上石精感受火神化出黃光飛走遇盂掩住不能上飛則化成汁液靠着盂底其液流入弦袋之中其弦又透小眼流入冷道灰槽小池則凝結而成硫黃矣其炭煤礦石燒取皁礬者當其黃光上走時

仍用此法掩蓋以取硫黃得硫一斤則減去阜礬三十餘斤其礬精華已結硫黃則枯滓遂爲棄物凡火藥硫爲純陽硝爲純陰兩精逼合成聲成變此乾坤幻出神物也硫黃不產北狄或產而不知煉取亦不可知至奇砲出于西洋與紅夷則東徂西數萬里皆產硫黃之地也其琉球土硫黃廣南水硫黃皆誤紀也

砒石

凡燒砒霜質料似土而堅似石而碎穴土數尺而取之江西信郡河南信陽州皆有砒井故名信石近則出產獨盛衡陽一廠有造至萬鈞者凡砒石井中其上常有濁綠水

先絞水盡然後下鑿砒有紅白兩種各因所出原石色燒成凡燒砒下鞠土窯納石其上上砌曲突以鐵釜倒懸覆突口其下灼炭舉火其煙氣從曲突內熏貼釜上度其已貼一層厚結寸許下復息火待前煙冷定又舉次火熏貼如前一釜之內數層已滿然後提下毀釜而取砒故今砒底有鐵沙卽破釜滓也凡白砒止此一法紅砒則分金爐內銀銅腦氣有閃成者凡燒砒時立者必于上風十餘丈外下風所近草木皆死燒砒之人經兩載卽改徙否則鬚髮盡落此物生人食過分釐立死然每歲千萬金錢速售不滯者以晉地菽麥必用伴種且驅田中黃鼠害寧紹郡

稻田必用蘸秧根則豐收也不然火藥爲染銅需用能幾何哉

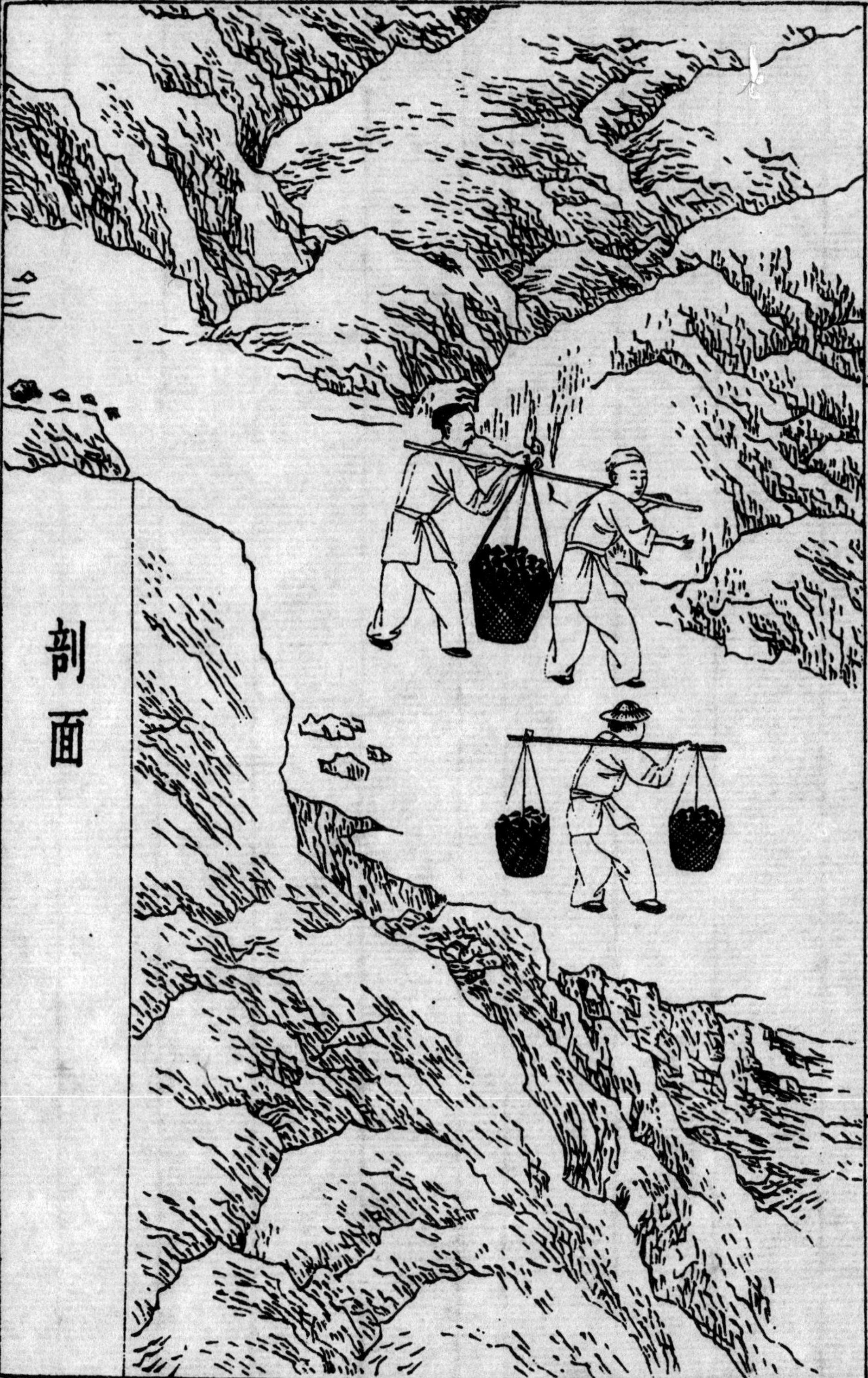

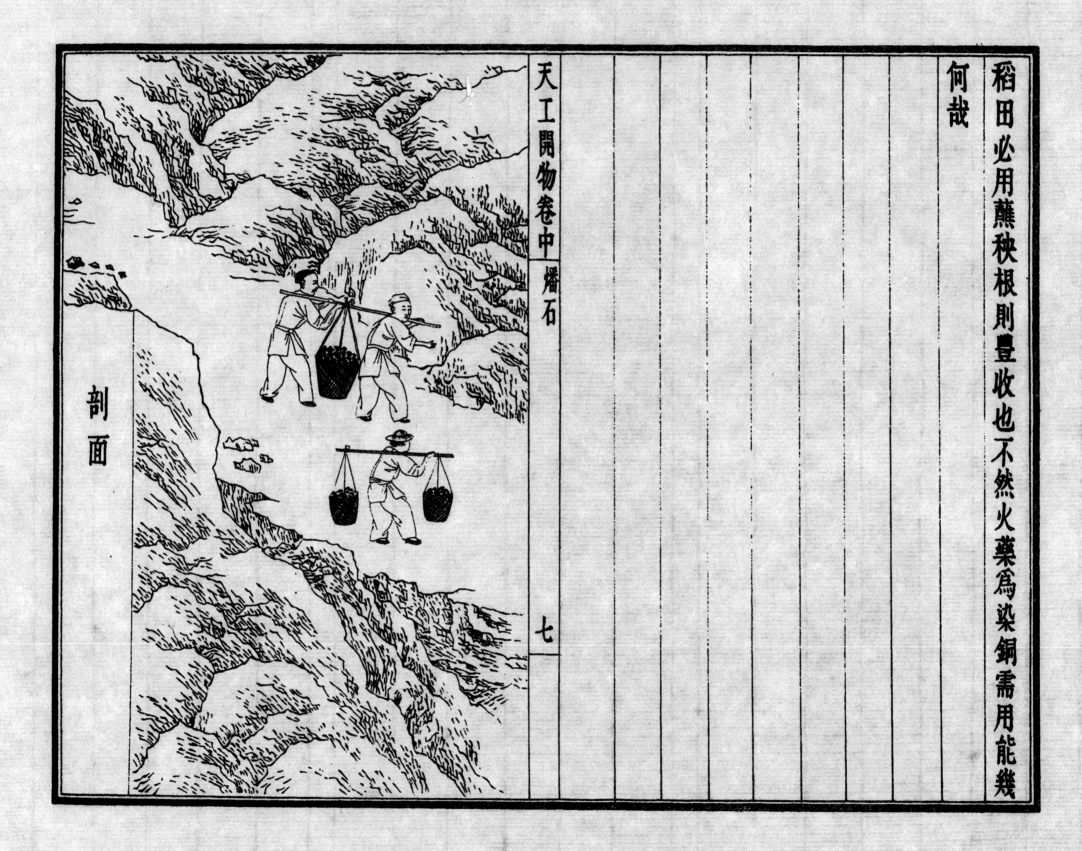

煤餅燒石成灰
燒蠣房法

挖煤
毒烟氣
井內

鑿取蠣房

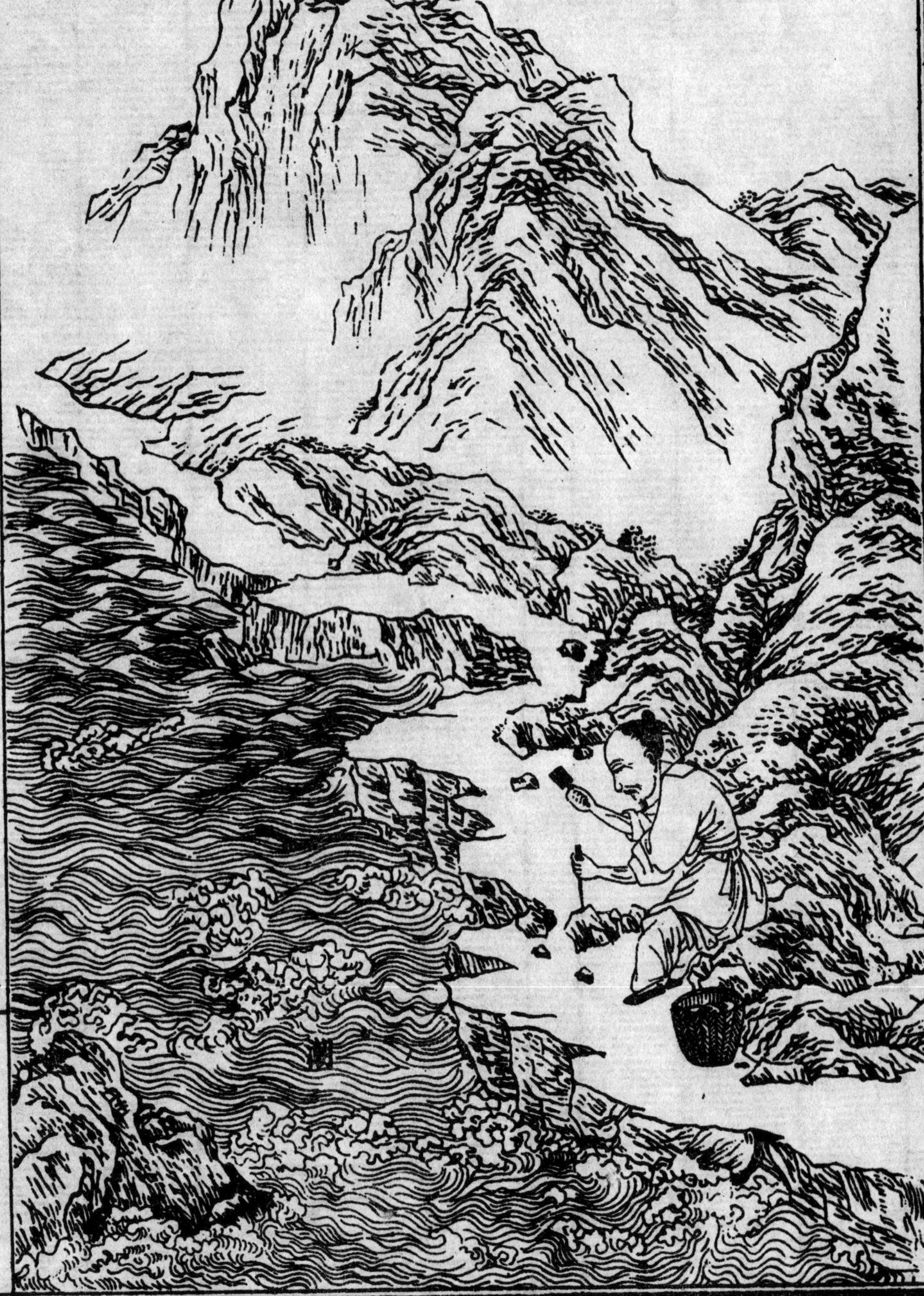

燒皂礬圖

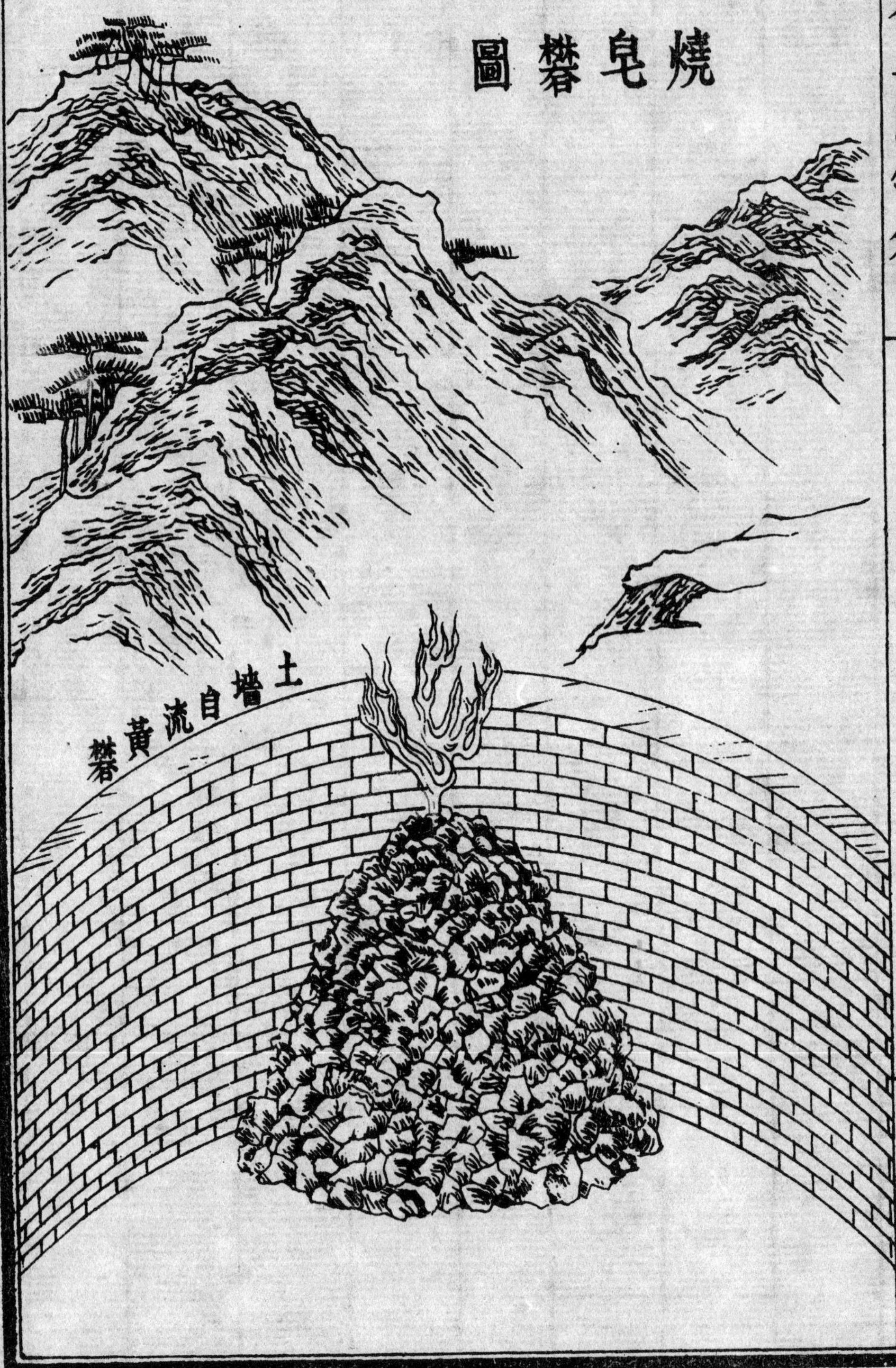

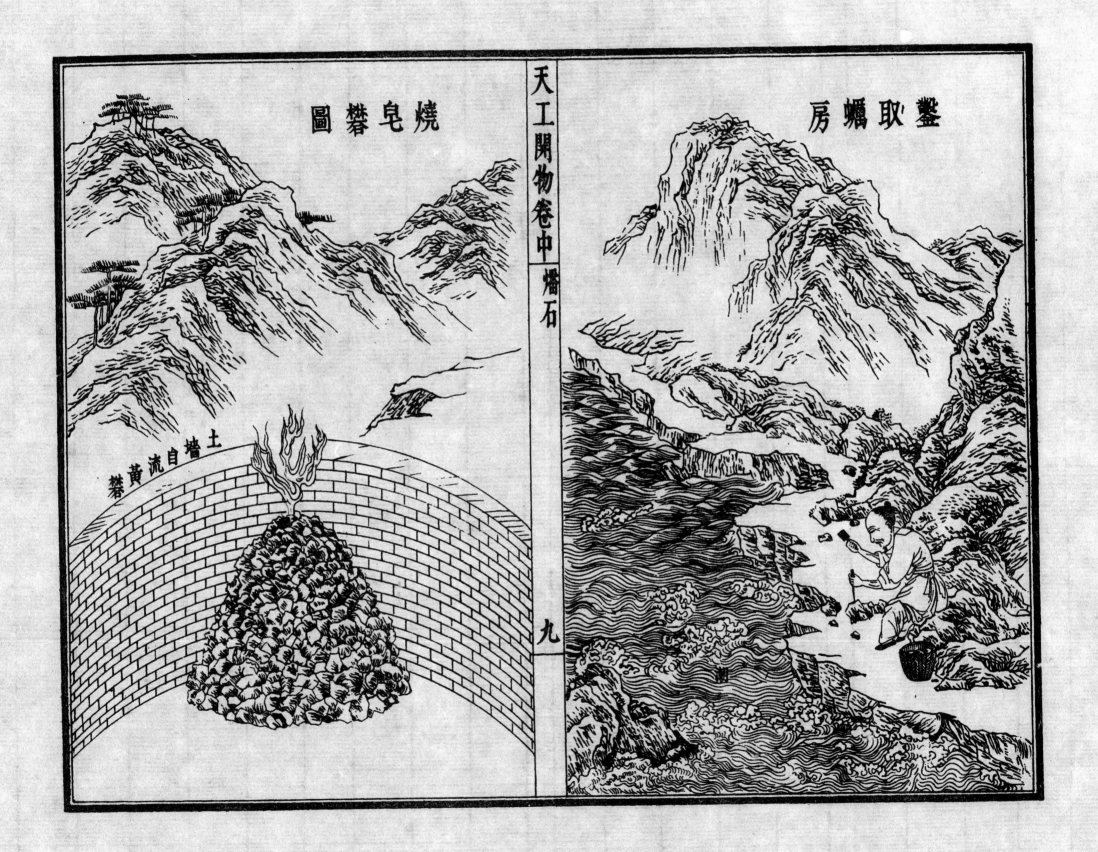

燒取硫黃圖

燒砒圖

膏液第十二

宋子曰天道平分晝夜而人工繼晷以襄事豈好勞而惡逸哉使織女燃薪書生映雪所濟成何事也草木之實其中韞藏膏液而不能自流假媒水火馮藉木石而後傾注而出焉此人巧聰明不知于何稟度也人間負重致遠恃有舟車乃車得一銖而轄轉舟得一石而艣完非此物之爲功也不可行矣至葅蔬之登釜也莫或膏之猶啼兒之失乳焉斯其功用一端而已哉

油品

凡油供饌食用者胡麻一名脂麻萊菔子黃豆菘菜子一名白菜爲上蘇麻形似紫蘇粒大于胡麻芸苔子次之江南名菜子𣘻子其樹高丈餘子如金罌子去殼取仁次之莧菜子次之大麻仁粒如胡荽子剝取其皮爲繂索用者爲下燃燈則桕仁內水油爲上芸苔次之亞麻子陝西所種俗名壁虱脂麻氣惡不堪食次之棉花子次之胡麻次之燃燈最易竭桐油與桕混油爲下桐油毒氣熏人桕油連皮膘則凍結不清造燭則桕皮油爲上蓖麻子次之桕混油每斤入白蠟結凍次之白蠟結凍諸清油又次之樟樹子油又次之其光不減但有避香氣者冬青子油又次之韶郡專用嫌其油少故列次北土廣用牛油則爲下矣凡胡麻與蓖麻子樟樹子每石得油四十斤萊菔子每石得油二十七斤甘美異常益人五臟芸苔子每石得三十斤其耨勤而地沃榨法精到

者仍得四十斤陳歷一年則空內而無油榛子每石得油一十五斤油味似猪脂甚美其枯則止可種火及毒魚用桐子仁每石得油三十三斤桕子分打時皮油得二十斤水油得十五斤混打時共得三十三斤此須絶淨者冬青子每石得油十二斤黃豆每石得油九斤吳下取油食後以其餅充豕糧菘菜子每石得油三十斤油出清如綠水棉花子每百斤得油七斤初出甚黑濁澄半月清甚莧菜子每石得油三十斤味甚甘美嫌性冷滑亞麻大麻仁每石得油二十餘斤此其大端其他未窮究試驗與夫一方已試而他方未知者尚有待云

法具

凡取油榨法而外有兩鑊煮取法以治蓖麻與蘇麻北京有磨法朝鮮有舂法以治胡麻其餘則皆從榨出也凡榨木巨者圖必合抱而中空之其木樟爲上檀與杞次之杞木爲者防地濕則速朽此三木者脈理循環結長非有縱直文故竭力揮椎實尖其中而兩頭無璺拆之患他木有縱文者不可爲也中土江北少合抱木者則取四根合併爲之鐵箍裹定橫拴串合而空其中以受諸質則散木有完木之用也凡開榨空中其量隨木大小大者受一石有餘小者受五斗不足凡開榨闢中鑿劃平槽一條以宛鑿入中削圓上下下沿鑿一小孔刷一小槽使油出之時流入承藉器中其平槽約長三四尺闊三四寸視其身而爲之無定式也

實槽尖與枋唯檀木杵子木兩者宜爲之他木無望焉其尖過斤斧而不過鉋蓋欲其澀不欲其滑懼報轉也撞木與受撞之尖皆以鐵圈裹首懼披散也榨具已整理則取諸麻菜子入釜文火慢炒（凡柏桐之類屬樹木生者皆不炒而碾蒸）透出香氣然後碾碎受蒸凡炒諸麻菜子宜鑄平底鍋深止六寸者投子仁于內翻拌最勤若釜底太深翻拌疏慢則火候交傷減喪油質炒鍋亦斜安竈上與蒸鍋大異凡碾埋槽土內（木爲者以鐵片掩之）其上以木竿銜鐵陀兩人對舉而椎之資本廣者則砌石爲牛碾一牛之力可敵十人亦有不受碾而受磨者則棉子之類是也既碾而篩擇麤者再碾細者則

入釜甑受蒸蒸氣騰足取出以稻稭與麥稭包裹如餅形其餅外圈箍或用鐵打成或破篾絞刺而成與榨中則寸相穩合凡油原因氣取有生于無出甑之時包裹怠緩則水火鬱蒸之氣遊走爲此損油能者疾傾疾裹而疾箍之得油之多訣由于此榨工有自少至老而不知者包裹既定裝入榨中隨其量滿揮撞擠軋而流泉出焉矣包內油出滓存名曰枯餅凡胡麻萊菔芸苔諸餅皆重新碾碎篩去稭芒再蒸再裹而再榨之初次得油二分二次得油一分若柏桐諸物則一榨已盡流出不必再也若水煮法則並用兩釜將蓖麻蘇麻子碾碎入一釜中注水滚煎其上

浮沫即油以杓掠取傾于乾釜內其下慢火熬乾水氣油即成矣然得油之數畢竟減殺北磨麻油法以粗麻布袋捩絞其法再詳

皮油

凡皮油造燭法起廣信郡其法取潔淨桕子囫圇入釜甑蒸蒸後傾于臼內受舂其臼深約尺五寸碓以石爲身不用鐵嘴石取深山結而膩者輕重斲成限四十斤上嵌衡木之上而舂之其皮膜上油盡脫骨而紛落挖起篩于盤內再蒸包裹入榨皆同前法皮油已落盡其骨爲黑子用冷膩小石磨不懼火煅者（此磨亦從信郡深山覓取）以紅火矢圍壅鍛熱將黑子逐把灌入疾磨磨破之時風扇去其黑殼則其內完全白仁與梧桐子無異將此碾蒸包裹入榨與前法同榨出水油清亮無比貯小盞之中獨根心草燃至天明蓋諸清油所不及者入食饌即不傷人恐有忌者寧不用耳其皮油造燭截苦竹筒兩破水中煮漲（不然則黏帶）小篾箍勒定用鷹嘴鐵杓挽油灌入即成一枝插心于內頃刻凍結捋箍開筒而取之或削棍爲模裁紙一方捲于其上而成紙筒灌入亦成一燭此燭任置風塵中再經寒暑不敝壞也

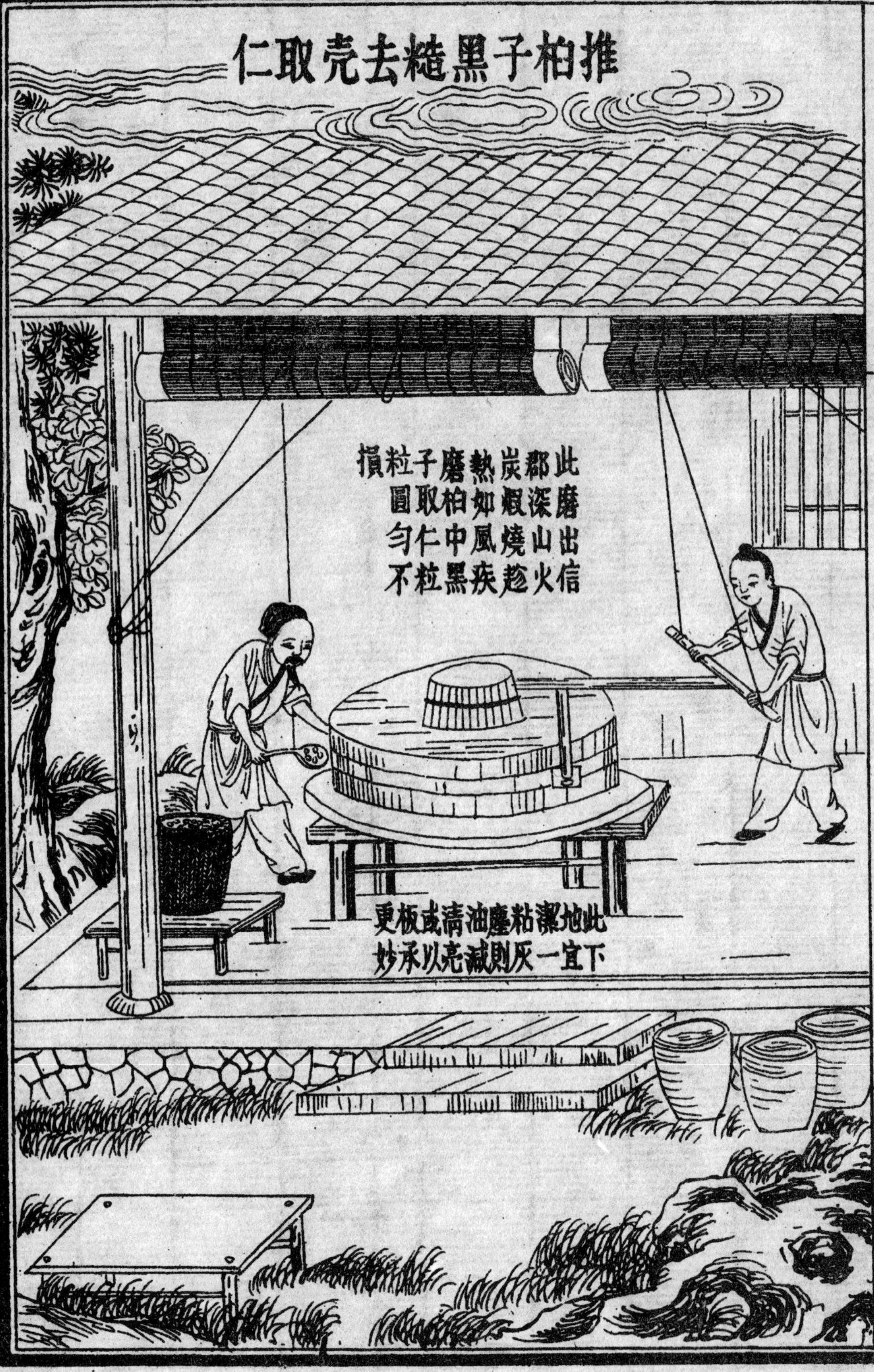
推柏子黑糙去殼取仁
此磨出信郡深山火炭艱燒趁熱如風疾磨柏中黑子取仁粒粒圓勻不損
此下地宜潔一粘灰塵則油滅清殼或以板承更妙

南方榨

桕皮油及諸芸薹胡麻皆同
此釜平底不深
甑

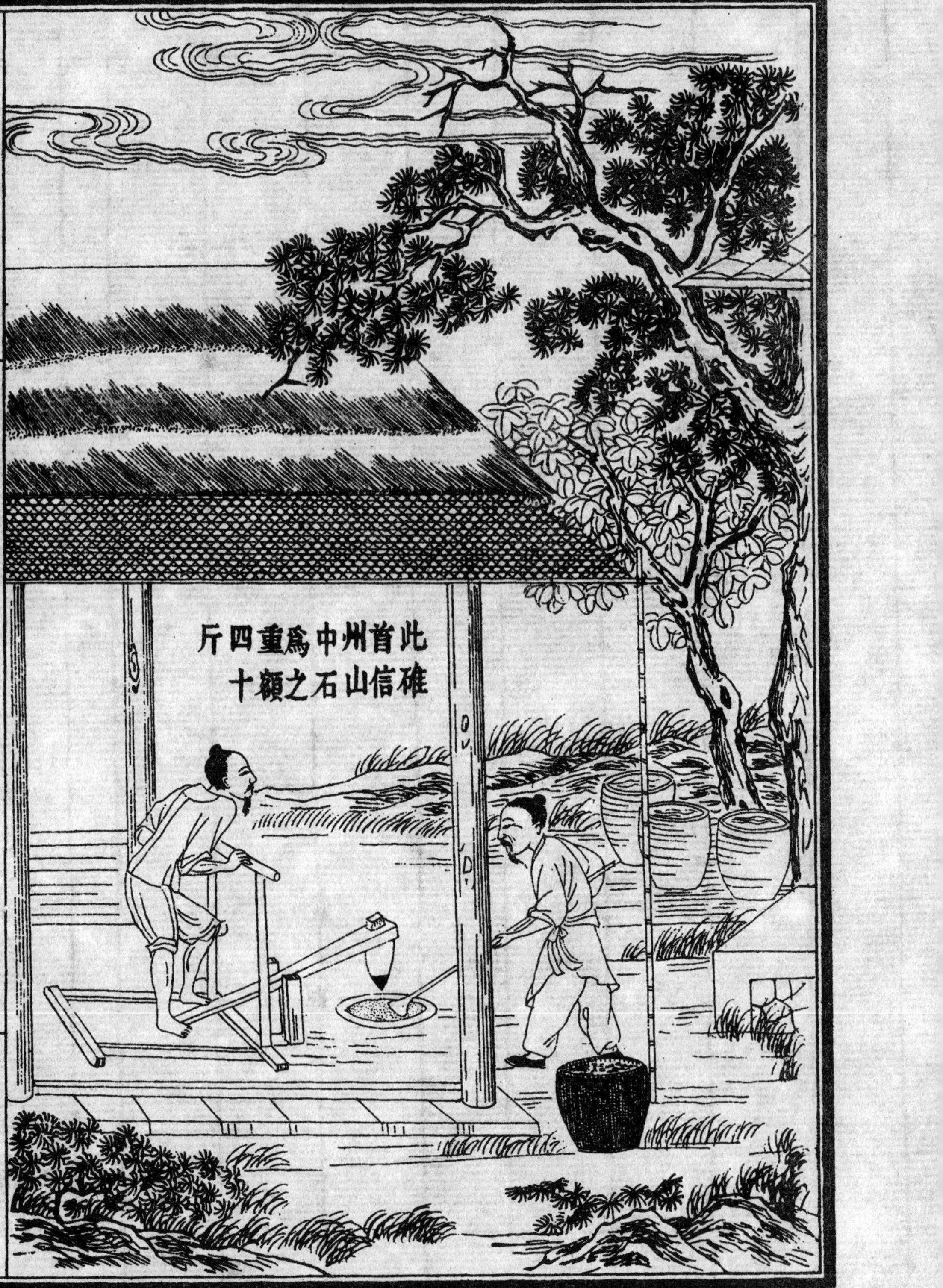
此碓首信州山中石爲之重額四十斤

殺青第十三

宋子曰物象精華乾坤微妙古傳今而華達夷使後起含生目授而心識之承載者以何物哉君與民通師將弟命馮藉呫呫口語其與幾何持寸符握半卷終事詮旨風行而冰釋焉覆載之間之藉有楮先生也聖頑咸嘉賴之矣身爲竹骨爲與木皮殺其青而白乃見萬卷百家基從此起其精在此而其麤效于障風護物之間事已開于上古而使漢晉時人擅名記者何其陋哉

紙料

凡紙質用楮樹（一名穀樹）皮與桑穰芙蓉膜等諸物者爲皮紙

用竹麻者爲竹紙精者極其潔白供書文印文柬啟用麤者爲火紙包裹紙所謂殺青以斬竹得名汗青以煮瀝得名簡即已成紙名乃煮竹成簡後人遂疑削竹片以紀事而又誤疑韋編爲皮條穿竹札也秦火未經時書籍繁甚削竹能藏幾何如西番用貝樹造成紙葉中華又疑以貝葉書經典不知樹葉離根即焦與削竹同一可哂也

造竹紙

凡造竹紙事出南方而閩省獨專其盛當筍生之後看視山窩深淺其竹以將生枝葉者爲上料節界芒種則登山斫伐截斷五七尺長就于本山開塘一口注水其中漂浸

恐塘水有涸時則用竹梘通引不斷瀑流注入浸至百日之外加功槌洗洗去麤殼與青皮（是名殺青）其中竹穰形同苧麻樣用上好石灰化汁塗漿入楻桶下煑火以八日八夜爲率凡煑竹下鍋用徑四尺者鍋上泥與石灰揑弦高闊如廣中煑鹽牢盆樣中可載水十餘石上蓋楻桶其圍丈五尺其徑四尺餘蓋定受煑八日已足歇火一日揭楻取出竹麻入清水漂塘之內洗淨其塘底面四維皆用木板合縫砌完以防泥污（造麤紙者不須爲此）洗淨用柴灰漿過再入釜中其上按平平鋪稻草灰寸許桶內水滚沸即取出别桶之中仍以灰汁淋下倘水冷燒滚再淋如是十餘日自然臭爛取出入臼受舂（山國皆有水碓）舂至形同泥麪傾入槽內凡

抄紙槽上合方斗尺寸闊狹槽視簾簾視紙竹麻已成槽內清水浸浮其面三寸許入紙藥水汁于其中（形同桃竹葉方語無定名）則水乾自成潔白凡抄紙簾用刮磨絶細竹絲編成展卷張開時下有縱横架匡兩手持簾入水蕩起竹麻入于簾內厚薄由人手法輕蕩則簿重蕩則厚竹料浮簾之頃水從四際淋下槽內然後覆簾落紙于板上疊積千萬張數滿則上以板壓俏繩入棍如榨酒法使水氣淨盡流乾然後以輕細銅鑷逐張揭起焙乾凡焙紙先以土磚砌成夾巷下以磚蓋巷地面數塊以往即空一磚火薪從頭穴

燒發火氣從磚隙透巷外磚盡熱濕紙逐張貼上焙乾揭起成帙近世闊幅者名大四連一時書文貴重其廢紙洗去朱墨污穢浸爛入槽再造全省從前煮浸之力依然成紙耗亦不多南方竹賤之國不以爲然北方即寸條片角在地隨手拾取再造名曰還魂紙竹與皮精與麤皆同之也若火紙糙紙斬竹煮麻灰漿水淋皆同前法唯脫簾之後不用烘焙壓水去濕日曬成乾而已盛唐時鬼神事繁以紙錢代焚帛（北方用切條名曰板錢）故造此者名曰火紙荊楚近俗有一焚侈至千斤者此紙十七供冥燒十三供日用其最麤而厚者名曰包裹紙則竹麻和宿田晚稻稾所爲也

若鉛山諸邑所造柬紙則全用細竹料厚質蕩成以射重價最上者曰官柬富貴之家通刺用之其紙敦厚而無筋膜染紅爲吉柬則先以白礬水染過後上紅花汁云

造皮紙

凡楮樹取皮于春末夏初剝取樹已老者就根伐去以土蓋之來年再長新條其皮更美凡皮紙楮皮六十斤仍入絕嫩竹麻四十斤同塘漂浸同用石灰漿塗入釜煮糜近法省嗇者皮竹十七而外或入宿田稻稾十三用藥得方仍成潔白凡皮料堅固紙其縱文扯斷如綿絲故曰綿紙衡斷且費力其最上一等供用大內糊窗格者曰櫺紗紙

此紙自廣信郡造長過七尺闊過四尺五色顏料先滴色汁槽內和成不由後染其次曰連四紙連四中最白者曰紅上紙皮名而竹與稻藁參和而成料者曰揭帖呈文紙芙蓉等皮造者統曰小皮紙在江西則曰中夾紙河南所造未詳何草木爲質北供帝京產亦甚廣又桑皮造者曰桑穰紙極其敦厚東浙所產三吳收蠶種者必用之凡糊雨傘與油扇皆用小皮紙凡造皮紙長闊者其盛水槽甚寬巨簾非一人手力所勝兩人對舉蕩成若檽紗則數人方勝其任凡皮紙供用畫幅先用礬水蕩過則毛茨不起紙以逼簾者爲正面蓋料卽成泥浮其上者麤意猶存也

朝鮮白硾紙不知用何質料倭國有造紙不用簾抄者煮料成糜時以巨闊青石覆于炕面其下爇火使石發燒然後用糊刷蘸糜薄刷石面居然頃刻成紙一張一揭而起其朝鮮用此法與否不可得知中國有用此法者亦不可得知也永嘉蠲糨紙亦桑穰造四川薛濤牋亦芙蓉皮爲料煑糜入芙蓉花末汁或當時薛濤所指遂留名至今其美在色不在質料也

斬竹漂塘

煮楻足火

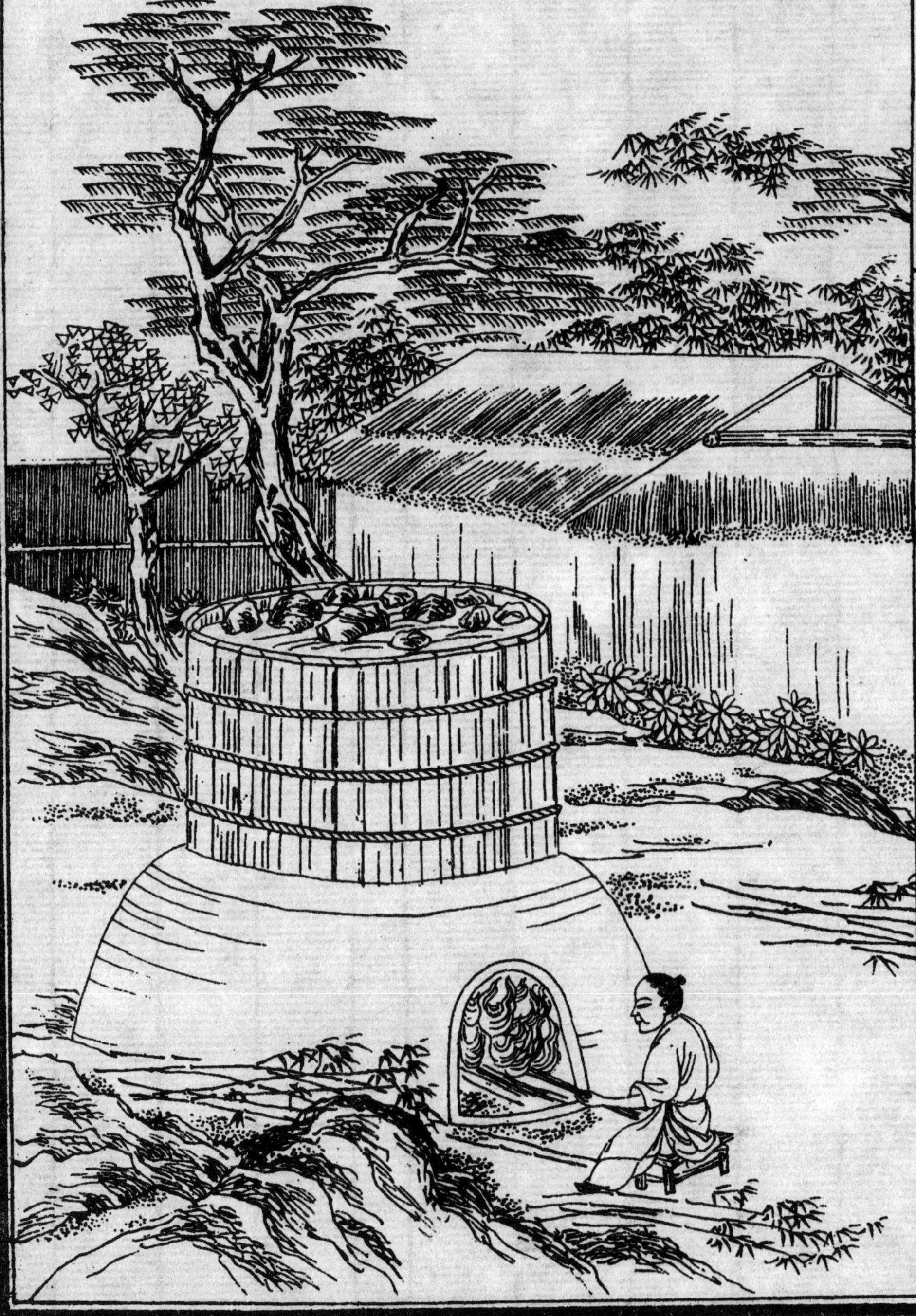

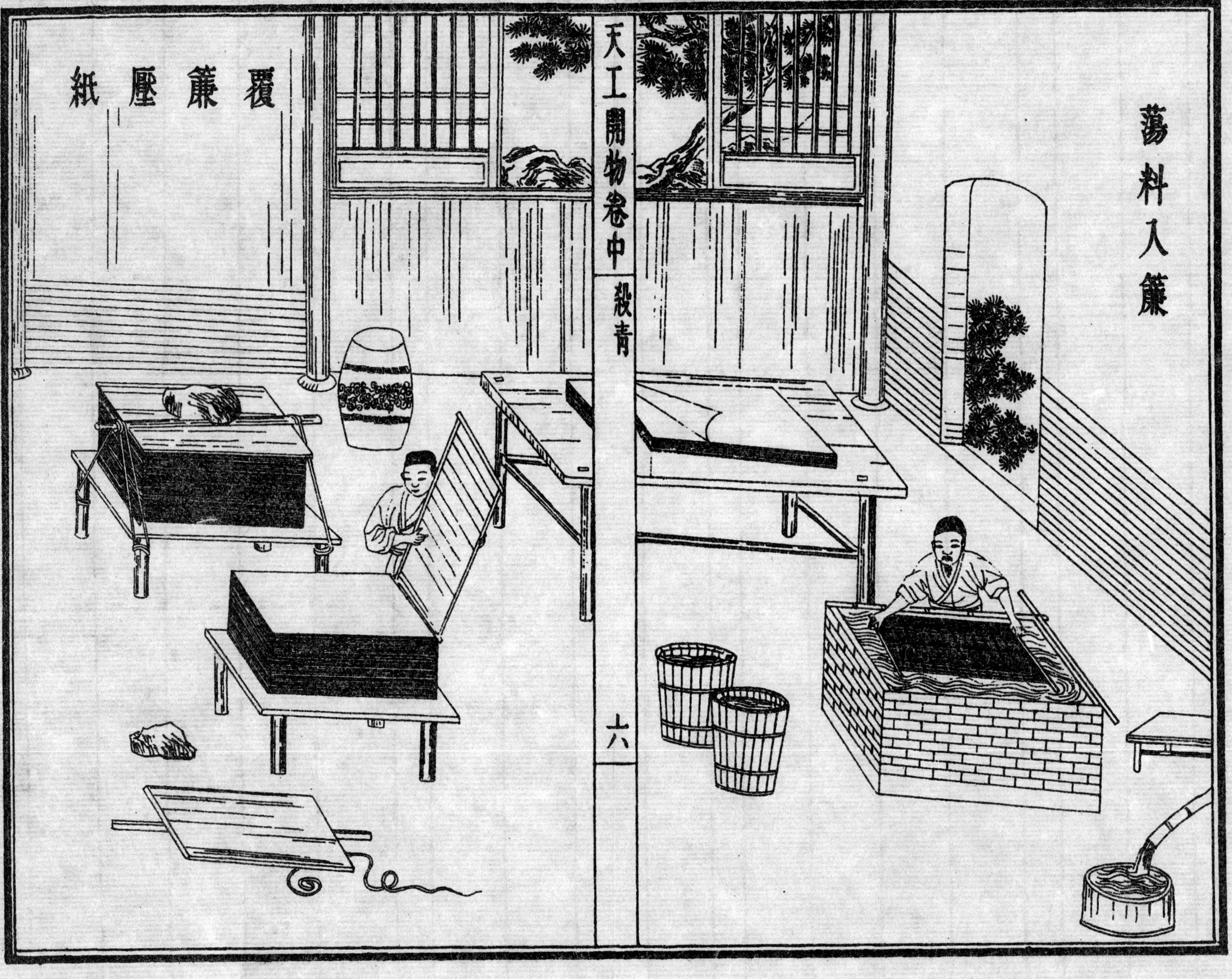
蕩料入簾
覆簾壓紙